JN016502

ロブ・イースタウェイ
水谷 淳 訳

世界の猫はざっくり何匹？

頭がいい計算力が身につく「フェルミ推定」超入門

MATHS ON THE BACK OF AN ENVELOPE
ROB EASTAWAY

ダイヤモンド社

はじめに

世界中に猫は何匹いる？

数年前、ある学校のイベントで十代の聴衆に、「何かの数をざっくり見積もる問題を出してくれたら、この場で答えてみせよう」と持ちかけた。するとある生徒が、「世界中に猫は何匹いますか？」というシンプルな質問をしてきた。

猫は定番のテーマなので、僕は買って出た。

そして、こういうふうに考えた。

ほとんどの猫は人に飼われていると仮定しよう。

中には猫を２匹以上飼っている人もいるが、猫がいるたいていの家は１匹しか飼っていない。

僕の住んでいる街を例にして考えれば、イギリスでは５軒に１軒が猫を飼っていると考えてかまわないだろう。

１家庭の人数が平均２人だとしたら、10人あたり１匹の猫がいることになる。

イギリスの人口は7000万なので、イギリスには700万匹の猫がいるとしよう。

ここまではいい。でも、ほかの国ではどうだろう？　インドや中国のような国では、イギリスほど猫は飼われていそうにない（どうしてそんなことが分かるかって？　あくまでも僕の当てずっぽうだ）。だから世界中での猫と人間の比率は、イギリスよりも低く、20人に１匹くらいだろう。

世界の人口は80億だから、きっと次のようになるだろう。

80億÷20＝4億匹

大きく外れてはいないだろう。
ともかく、僕はこう答えた。
すると、聴衆の一人が手を挙げた。
「実際の数は6億匹です」
「本当かい？　どうして知っているの？」
「いまネットで調べたんです」
やれやれ。わざわざ答えをひねり出すことなんてなかった。すでに誰かがはじき出していたんだ。

本当にそんなに簡単だったら、概算なんていっさいやる必要はない。グーグルで何回かクリックすれば、どんな問題の答えでも見つけられるだろう。
ただし、1つだけ大事なことがある。
ネットで6億匹と発表しているこの人は、どこからその数値を得たのだろう？　世界中を回って猫の全数調査をした人なんていないはずだ。6億匹という数値も概算値だ。

確かに、厳密な調査とクロスチェックをして、僕よりも少しだけ科学的な方法ではじき出したのかもしれない。でもネットに出ているこの数値が、僕と同じく誰かが封筒の裏でざっくりと計算したものであるのは間違いないだろう。もしかしたら、何かの都合に合わせてでっち上げただけかもしれない。この数値が僕の答えよりも信用できると考える理由は、どこにもない。それどころか、僕の答えよりも信用できないかもしれない。

ひとたびこうした統計値が世に出て、新聞に載ったりウェブサイトで取り上げられたりすると、それが「事実」になってしまう。そして何度も何度も引用されて、あっという間に出所が分からなくなってしまう。

忘れないでほしい。**どこかで発表されている統計値のほとんどは概算値で、その多くは封筒の裏ではじき出したのとそう変わらない**ということを。封筒の裏でざっと計算したところ、その結果が以前に発表されていた数値と大きく違ったからといって、それが間違っているとは限らない。むしろ、発表されている数値はもっと吟味する必要があるということになるのだ。

数学は「正確」な学問で、答えは合っているか間違っているかのどちらかだと考えてしまいがちだ。確かに数学のかなりの部分は正確だ。

でも日常生活で出合う数値の中には、単に議論の出発点にすぎないものもある。数値を問うどんな問題にも確定的な「正しい」答えがあると教え込まれてしまっていると、現実世界の数値は純粋な数学の答えよりもずっとあいまいだという事実に気づけないのだ。

この本を書いているうちに、1つの矛盾に気づいた。一方では僕は、正確な数値よりもおおざっぱな数値のほうが役に立つし信頼できるのだと言いたい。でもそれと同時に、そのおおざっぱな数値を出すには、正確な計算をする方法を知っていることが欠かせない。たとえば掛け算の表といったものだ。日常生活で扱うぼんやりした数値は、はっきりした正確な数学に基づいているのだ。

この本は４つの章に分かれている。

第１章では、正確な数値は誤解を招きやすいということ、そして電卓に頼り切るのは良くないということを説明していく。

第２章では、計算のテクニックと、封筒の裏での計算をしたい人には欠かせない基礎知識を取り上げる。小学校以来使う必要がなかったかもしれない計算のしかたを思い出してもらうとともに、君が一度も教わったことがないであろう便法も紹介する。

残りの２つの章では、これらのテクニックを使って、日常的な数値換算から、環境保護のようなもっと重大な課題まで、いろんな問題に取り組む方法を説明する。そして最後に、フェルミ問題と呼ばれるものをいくつか取り上げる。ごく限られたデータからもっともらしい答えを導くという、一風変わった難しい問題だ。

封筒の裏の数学は、生きていく上で大事なスキルだ。でも役に立つだけではない。面白くてわくわくするし、頭のトレーニングにもなるということで、はまる人も多いのだ。

CONTENTS

第 3 章

日々の概算

第 4 章

フェルミで計算

第 1 章

精確な数値には
ご用心

おおざっぱな計算 vs 電卓

おおざっぱな計算に封筒の裏がよく使われるようになったのは、いつのことだろう？　たばこの箱の裏、あるいはアメリカならテーブルナプキンの裏が使われはじめる前だったのか？　それとも後だったのか？

「封筒の裏[1]」という表現は、最初にどこで考え出されたにせよ、正解に当たりを付けるおおざっぱな計算を象徴するものになっている。

ビジネスマンは封筒の裏を使って、新しいプロジェクトがどのくらい実現可能かを素早くチェックする。エンジニアは、思いついた解決法がうまくいきそうかをチェックする。そしてコメンテーターは、政治家や自称専門家やマーケティング担当者が次々に出してくる膨大な数値に解釈を加える。

もっと日常のレベルでは、おいしい儲け話にだまされて身ぐるみ剝がされるのを防げるかもしれない。

さらに封筒の裏を使えば、電卓に頼らなくても計算できる。

何だって？　電卓を使わずに計算？　時代遅れだと思う人も多いだろうし、マゾじゃないかと言う人すらいるかもしれない。

いつでもスマホ（電卓アプリが入っている）がそばにあるのに、

1　もちろん律儀に封筒の裏を使う必要はなくて、どんな紙切れでもいい。この本を書いている最中に、消費者物価指数の計算に用いられる必需品のリストから封筒が除外された。いまでは封筒がない家もあるようだ。

なぜ手計算や暗算をしないといけないというのか？
僕はけっしてアンチ電卓派ではない。電卓は欠かせない道具で、以前なら何分も何時間も、あるいは何日もかかっていた計算を、ものの数秒で片付けてくれる。
大天才か、または時間が有り余っている人でない限り、31.40ポンド×96を正確に計算するには、実際問題として電卓を使うほかない。僕も多くの人と同じく、納税申告をしたり出張経費を計算したりするときは、たいてい電卓か表計算ソフトを使う。
でもほとんどの場合、わざわざ正確な答えをはじき出す必要はない。大事なのはおおざっぱな数値である。封筒の裏で計算すれば、数値の向こうに広がる全体像をとらえられるのだ。

たとえば、ある販売チームの売上目標が10000ポンドだったとしよう。1個31.40ポンドでこれまでに96個売った場合、おおざっぱに計算すると次のようになる。

100個×30ポンド＝売上は3000ポンド

たとえこの概算値が数パーセント違っていたとしても、目標の10000ポンドにとうてい足りないのは間違いない。

医療費が10億ポンド増えたという政府の発表は、おおごとだろうか？　5000万人の国民一人一人の医療費が増えたのだろうか？
当然1人だけが10億ポンド増えたのではないだろうし、5000万人で均等に増えたのでもないだろう。でも封筒の裏で計算すれば、1人あたりの平均が200ポンドよりも20ポンドに近い（そして騒ぐほどではない）ことは分かる。

もちろん、このような単純な計算は電卓でもできる。でも、実際に電卓を使うことはめったにない。

「誰でも電卓を持っているんだから、手計算なんて必要ない」という主張は、たいていまやかしだ。必ずしも電卓が必要ない場面では、ほとんどの人は暗算したり封筒の裏で計算したり、あるいは何も計算しないものだ。

中には、暗算の能力を強みにしている人もいる。僕の友人に、金融界で辣腕（らつわん）を振るって大金持ちになった人がいる。その彼からこんなアドバイスをもらった。

「交渉に成功する秘訣が2つある。1つ目は、上下逆さまの文章を読めるようにすること。そうすれば相手が持っている文書を読み取ることができる。そして2つ目は、相手よりも速く計算できるようにすることだ」

練習問題

君は電卓を使わずに、どのくらい計算できるだろうか？　以下の10問を解いてみてほしい。時間制限はなし。紙と鉛筆を使ってもかまわない。ただ解くだけではなく、**どうやって**解くのかも気にすること。暗記している事柄を思い出すのか？　紙と鉛筆を使うのか？

（a）17＋8

（b）62－13

（c）2020－1998

（d）4×9

（e）8×7

（f）40×30

（g）3.2×5

（h）120の4分の1は？

（i）75％を分数で表すと？

（j）94の10％は？

ほかの人がどうやって計算したかは、193～195ページを見てほしい。

電卓が広げた数学の世界

初めて自分の電卓を手にしたときのわくわく感は、いまでも覚えている。コモドール製で表示は赤いLED、ボタンを押すとカチッカチッと小気味良い音がした。16歳のときのクリスマスプレゼントだった。

僕は夢中になった。123456といった数を入力して√ボタンを押すだけで、背筋がゾクゾクして、小数点の後ろにずらりと並んだ数字をじっと見つめていた。それまで、そんな精確な数なんて見たことがなかったのだ。

安い電卓の登場で、2つの変化が起こった。

1つ目は、以前ならけっして考えられなかったような計算を誰でもできるようになったことだ。そのおかげで、計算で行き詰まらずに数学を幅広くとらえられるようになった[2]。

2つ目の変化は、答えを小数点以下何桁までも書けるようになったことだ。83の平方根は？　1秒だけ時間をくれれば、小数点以下好きなだけの桁数で答えてあげよう。

これのどこがまずいというのだろうか？

2　たとえば $3\times 7\times 11\times 13\times 37$ を計算すると、どんな面白い答えが出てくるだろうか？もしも電卓がなかったら、高い暗算力とあふれんばかりの好奇心ととてつもない忍耐力を兼ね備えていて、ほかに何もやることがない人でない限り、わざわざ計算しようとは思わないだろう。たとえポケットに電卓が入っていても、いちいち計算するほどのことかと思うかもしれない（でも、ぜひ計算してみてほしい）。

まやかしの精度

博物館を訪れたある人が、ティラノサウルスの骨格標本を見ていたく感動した。

そこでガイドに、「この化石はいつのものですか？」と質問した。

するとそのガイドは、「6900万年と22日前です」と答えた。

「すごい。どうしてそんなに精確に分かるんですか？」

「ええ。この博物館で勤めはじめたときに6900万年前でした。それが22日前のことなんです」

博物館のガイドが無駄に精確に答えるという、昔からあるジョークだ。このジョークからよく分かるとおり、もともとの数値がおおざっぱな概算値なのに何桁も答えるのは的外れだ。それでも日常生活で数値を示したり解釈したりするときには、こういった間違いをしょっちゅう犯してしまう。

意味のない精度で数値を示してしまうことを「まやかしの正確さ」などと言うが、本当は「まやかしの精度」と言うべきで、この本でもこの表現が何度か登場する。

何も考えずに電卓に頼りすぎるのが良くない最大の理由がこれだ。ボタンを1回叩いただけで小数点以下何桁も計算できるからといって、そうすべきとは限らないのだ。

COLUMN

精度と正確さ

「精度」も「正確さ」も、測定結果や数値がどのくらい「正しい」かという同じ意味で使われることが多い。ある数が正確でかつ精度が高いことは、もちろんありうる。

たとえば、74 × 23.2 = 1716.8。

でも数学では、精度と正確さは意味が違う。

「正確さ」は、正解にどのくらい近いかを表す。

僕と君でダーツをやっているとしよう。僕が投げたら、中心をわずかに外した。僕の投げっぷりはかなり正確だったが、もし君が投げて中心に命中したら、君の投げっぷりのほうがもっと正確だったことになる。

また、買い物かごに入っている品物の値段を僕が足し合わせて、合計を 65 ポンドと概算したが、君は 70 ポンドと計算したとしよう。実際の支払額が 69.43 ポンドだったら、僕よりも君のほうが正確だったことになる。

それに対して「精度」とは、答えの数値にどの程度の細かさのレベルまで自信があるか、つまり、自分かほかの人が再び同じ測定や計算をしたら同じ数値が出てくるかどうかを表す。

買い物かごに入れた品物の値段の合計を君が 69 ポンドと考えているのであれば、君は 1 ポンドの桁まで正しいという自信があることになる。でも支払額が 69.40 ポンドだと考えているのであれば、君はもっと精確で、10 ペンスの桁まで正しいという自信があることになる（1 ポンド = 100 ペンス）。69.41 ポンドなら、さらに精度が高い。

数学でいう精度は、並べることのできる「有効数字」（重要な概念。188ページを見てほしい）の桁数で決まる。

世間では、精度があまりにも重んじられすぎている。84.36といった数値を見ると、この値を導いた人は小数第2位まで自信があったんだと考えがちだ。こんなに精度の高い数値を出せるなんて「専門家」に違いないと、褒めちぎってしまうかもしれない。

でも、「精度の高い」数値を人々が信頼しがちなのをいいことに、意図的であろうがなかろうが、実際よりも高いレベルの自信があったんだと勘違いさせてしまうことがある。

アーセナルの試合の観客数が59723人だったという記事を読むと、回転式ゲートを通ったファンを正確に数え上げたのだと思い込んでしまう。だから、実際に競技場にいた人数が50000人に近いと分かると、だまされたと感じてしまうのだ[3]。

数値を使って世の中の出来事を解釈するときには、精度よりも正確さのほうが重要だ。精度が高くなくても正確であれば、測定値は役に立つ。逆に、精度が高いのに正確でない測定値は、役に立たないだけでなく、ときに危険だ。

電卓の思わぬ問題点は、画面に収まる限り何桁も表示されて、実際よりも高い精度で受け止めたくなってしまうことである。

3　このような食い違いはよく起こる。チーム発表の観客数は、その日に足を運んだ人数ではなく、チケットの売上枚数であることがふつうで、その中には株主チケットやシーズンチケットも含まれるからだ。

得点のからくり

2012年ロンドン・オリンピックでのこと。それまでイギリス人がめったに勝てなかった競技で金メダリストが表彰台に上がるたびに、イギリスじゅうの人が沸きに沸いた。

とくに盛り上がったのは、厩務員から選り抜きの馬術選手に上りつめたシャーロット・デュジャルダンが、馬場馬術競技で愛馬ヴァレグロとともにイギリス初の金メダルを獲得したときのことだった。

デュジャルダンのスコアは、何と90.089%だった。

馬術選手はたいてい、0.001%の差まで気にするものだ。では、デュジャルダンがスコア90.088%の選手より優れていたのは、いったいどんなところだったのだろうか？

どのようにしてスコアが小数第3位まで付けられるのかを理解するには、この競技で審判がどうやって採点するのかを知らなければならない。

ロンドン・オリンピックの馬場馬術競技では、選手が自分の馬に一連の運動をさせ、それを全方向から見られるよう馬場の周囲に座った7人の審判が評価した。採点項目は21個。うち16項目は、それぞれの運動がどれだけ正確だったかを表す「技術点」。残り5項目は、「リズム、気勢、弾発性」や「馬と騎手の協調性」といった全体的な演技に与えられる「芸術点」。

各項目は10点満点で0.5点刻みだが、そのうちのいくつかの項目には高い重みが付けられるし、5つの芸術点にはすべて4が掛けられる。各審判の持ち点は次のようになる。

技術点200点 + 芸術点200点 = 合計400点

だから、選手1人あたりの満点は7×400＝2800点となる。

馬の演技を評価する上では主観が入ってくるので、審判によって得点が違ってくるのは驚くことではない。ある運動で1人の審判が8点を付けても、別の審判が、肩が少し下がっているのに気づいて7点を付けることはありうる。デュジャルダンの場合も各審判の得点には355点から370点まで幅があり、合計すると2800点満点中2522.5点だった。

ここからがパーセントの出番だ。この合計点2522.5点を満点の2800点で割って、それに100を掛け、パーセントで表すと、以下のようになる。

2522.5 ÷ 2800 × 100 = 90.089%[4]

実はこれは正確な値ではなく、実際には90.089285714285714…%だった。

小数点以下はどこまでも続いて、285714というパターンが永遠に繰り返される。7の倍数で割るとこういうことが起こる。そのためスコアを丸める必要があり、主催者は小数第3位で四捨五入すると決定した。

では、もしもデュジャルダンの得点が0.5点だけ低かったとしたら？

4　2016年リオ・オリンピックでシャーロット・デュジャルダンは、ロンドン・オリンピックでの自身のスコアを上回る93.857%を叩き出し、再び金メダルに輝いた。

その場合、スコアは次のようになったはずだ。

$$2522 \div 2800 \times 100 = 90.071\%$$

つまり、デュジャルダンのスコアに実際に90.089%までの精度があったというのは、誤解なのだ。90.089%と90.071%のあいだのスコアにはなりようがなく、デュジャルダンは0.001%でなく0.018%をおまけでもらったことになる。スコアは小数第2位（90.09%）まで表せば十分だったのだ。

得点の違う選手が同じスコアになることを防ぐには小数第2位までで十分だが、それでもなお、この得点システムは正確だという誤解は拭えない。

実際のところ、同じ演技でも審判によって評価は違う。芸術点が0.5点違うだけで、全体のスコアは0.072%違ってくる。実際の審判どうしの違いはさらに大きかった。「馬と騎手の協調性」の項目で、ある審判は10点満点中8点を付けたのに、別の審判は9.5点を付けたのだ。

「数字の見方」に注意する

主観的な数値を小数点以下何桁も示してしまうような場面は、馬場馬術競技のようなスポーツだけに限らない。

いま説明したような採点システムが使われているせいで、審判が付けるスコアは、まるで本棚の幅を1ミリ単位で測るくらいに精度が高いんだと受け止められてしまう。

でも実際に審判が使っているのは、いわば10センチ刻みで目盛が刻まれた物差しだ。しかも審判によって使う物差しが違うし、まったく同じ演技でも日によって、たとえば89%と92%というようにスコアに違いが出てきてしまう。いろんな要因でスコアが変わる可能性があって、それについては次の第2章で紹介しよう。

以上のことから分かるとおり、どんな統計値でも、それを受け止めるときには1つ大事な原則がある。鎖全体の強さがその中の一番弱いつなぎ目で決まるのと同じように、統計値も、その中で一番信頼度の低い要素と同程度にしか信頼できないのだ。

6900万年と22日という恐竜の骨格の年齢は、2つの要素からできていて、一方は100万年単位の精度、もう一方は1日単位の精度。当然、22日なんて無意味なのだ。

「精確な数値」こそ変わりやすい

2017年5月のイギリス総選挙、ロンドンのケンジントン選挙区でショッキングな出来事が起こった。保守党の現職議員が一度は過半数の票を獲得したものの、金曜日の未明になって、僅差で勝敗の判断がつかずに再集計がおこなわれるというニュースが伝えられたのだ。

さらに数時間後、2回目の再集計が必要だと発表された。だがそれでも結果が確定しなかったため、スタッフは何時間か仮眠を取って、翌日に3回目の再集計がおこなわれた。

最終的に責任者が結果を確認した。労働党のエンマ・デント・コードが保守党のヴィクトリア・ボーウィックを破ったのだ。

票数の差はごくわずかだった。コードが16333票だったのに対してボーウィックが16313票と、たったの20票差しかなかったのだ。

何かの個数を数えるのであれば、1の位まで確実な数値が得られるはずじゃないかと思うかもしれない。

でも実際には、票数を数えるといった基本的なことですら間違いが起こりやすい。2枚貼りついた投票用紙を、うっかり一緒に数えてしまうかもしれない。疲れてくると、不注意で28、29、40、41……と数えてしまうかもしれない。2人以上の候補者に印が付けられていてはじかれた投票用紙を、別の人が数え上げてしまうかもしれない。

経験則として、手作業での票数の集計結果には約5000分の1（0.02%）の誤差があるとされている。そのためケンジントンのようなケースでは、再集計すると10票程度の違いが出てくると考えられる[5]。

再集計のたびに結果は少しずつ違ってくるものだが、そのうちのいずれかの票数が正しいという保証はどこにもない。そもそも、正しい票数なんてものはあるのだろうか？（接戦だったことで知られる2000年のアメリカ大統領選挙で、フロリダ州の結果を最終的に左右したのは、完全に穴が開けられておらずに「穿孔（せんこう）くず」が残っている投票用紙を有効票とみなすかどうかの判断だった）。

票数の誤差が結果に影響を与えないくらいに小さくなるまでは再集計が繰り返されるので、僅差であればあるほど再集計の回数は多くなる。イギリス総選挙では、再集計が7回繰り返されたことが1960年代に2度あり、そのいずれでも最終的な得票差は10票未満だった。

以上のことから分かるとおり、コードのような候補者が16333票獲得したという発表は、実際にはもっとあいまいに、「16328票から16338票の範囲（あるいはもっと簡単に16333±5票）であることがほぼ確実である」と表現すべきだ。

5　このときの票集計に当たった選挙管理人のスーザン・ロワインズによると、ケンジントンでの再集計結果の食い違いは5票未満で、その食い違いはすべて無効票をめぐる判断によるものだったという。これだけのばらつきしかなかったことを考えると、保守党は3度目の再集計を要求したときには藁にもすがる思いだったのだろう。

短い記事にひそむ落とし穴

実際の紙に記された票の数のような、簡単に答えられる数値ですら信用できないとしたら、もっと移り変わりやすいものを正確に数えられるはずがあるだろうか？

2018年、アメリカのカロライナ両州を巨大ハリケーン・フローレンスが襲い、場所によっては120ミリ以上の雨を降らせた。その混乱の中、多くの家が何日にもわたって停電に見舞われた。9月18日、CNNは次のように報じた。

> 511000。これは、アメリカ・エネルギー情報局による、月曜日の朝を電気なしで迎えた契約者の人数である。うち486000人はノースカロライナ州、15000人はサウスカロライナ州、15000人はヴァージニア州。だが月曜日遅くまでには、ノースカロライナ州の［停電している契約者の］人数は342884にまで下がった。

この短い記事のほとんどでは、人数は1000人単位で表現されている。ところが最後になると突然、停電している契約者の人数は342884に下がったとしている。たとえこの数値が正しかったとしても、停電している契約者の人数はつねに変化していたのだから、正しかったのはこの数値が集計された数秒のあいだにすぎない。

さらに、月曜日朝の時点でのノースカロライナ州の486000という値も少々疑わしい。この数値は有効数字3桁で示されているが、ほかの2つの州の値は15000と表されていて、どちらも5000人単位に丸められているように思えてしかたがない。

その証拠に、3つの数値を足し合わせると15000＋15000＋486000＝516000となって、冒頭に挙げられている計511000という値より5000大きくなってしまう。

だからこれらの数値を示すときには、以下のいずれかの方法を選ばなければならない。

数値が含まれる範囲（「300000から350000のあいだ」）として示すか、または大胆に有効数字が1桁だけになるように丸めて、「おおよそ」という言葉を付けるかだ（「おおよそ500000」）。

こうすれば、数え直しても同じ数値になるような確定値ではないことがはっきりと分かる。

でも、「おおよそ」という言葉を付けただけでは十分でない場合もある。

プラスかマイナスかすら分からないことがある

イギリス国家統計局は毎月、最新の失業者数を発表していて、もちろん毎回ニュースに取り上げられる。失業者数の増減は景気をよく反映しているし、あらゆる人に関係があるからだ。

2018年9月には、失業者数が前月の1360000から55000減少したと発表された。

でも問題は、発表されるこの数値の信頼性があまり高くないことで、国家統計局もそのことはわきまえている。2018年の失業者数を発表した際には、この数値が「69000の範囲内」で正しいことが95%確信できるという但し書きが付け足された。したがって、失業者数は55000±69000減ったということになる。

つまり、失業者数は実際には124000も減ったかもしれないし、あるいは14000も増えたかもしれないのだ。そしてもし後者が正しい値だったら、もちろんニュースの内容はまったく違ってきてしまう。

示された数値よりも誤差範囲のほうが大きかったら、2桁以上の有効数字どころか、そもそもその統計値を示す意味すらほとんどない。せいぜい言えるのは、「失業者数は前月よりもおそらく少しだけ減ったようで、減少分は約50000かもしれない」というくらいまでだ。

精確な数値よりも、あまり精確でない丸めた数値のほうが実際の状況を公平に映し出していることが、これで改めて理解できたと思う。

敏感に変化する数値

ここまで見てきたように、統計値には本来、それにどのような誤差範囲を当てはめるべきかを併記すべきだ。

さらに予測や推測をするとなると、誤差範囲を踏まえておくことはますます重要になる。

ニュースに取り上げられる数値の多くは予測値である。来年の住宅価格、明日の降水量、閣僚による経済成長予測、次の休日に列車で移動する人数など、これらの数値はすべて、誰かが表計算ソフト（またはもっと高度なソフト）に数値を入力して数学的に導いたもので、それは「数学モデル」と呼ばれている。

そのようなモデルには必ず、「入力」（価格や顧客の人数など）と、予測したい事柄である「出力」（たとえば収益）がある。

でもときに、入力変数の1つが少し変化しただけで、最終的に出てくる数値が驚くほど大きな影響を受けることがある。

それをよく表している例が、料金と収益の関係である。

去年、ある縁日でフェイスペインティングの露店を開いたとしよう。場所代として50ポンドを払ったが、材料の値段はほぼ0だった。客1人あたり5ポンドの料金を取り、15分で1人ペイントできたので、3時間で12人にペイントした。その結果、収益は次のようになった。

売上60ポンド－経費50ポンド＝収益10ポンド

去年は長い列ができて需要を満たせなかったので、今年は料金を5ポンドから6ポンドに上げることにした。20%の値上げだ。今年の売上は6ポンド×12＝72ポンドで、収益は次のように大幅に増えた。

売上72ポンド－経費50ポンド＝収益22ポンド

料金を20%上げただけで、収益が2倍以上になったのだ。

要するに、**収益は料金にとてつもなく敏感である。**料金を少し上げただけで、それよりもずっと大きい割合で収益が増えたのだ。

これは単純化した例だが、1つの値を10%増やしても、それによってほかのすべての値が10%増えるとは限らないことがよく分かる[6]。

劇的な差が生まれる「指数的増加」

1つの「入力」の数値が少し変化したことによる影響が、時間が経つにつれて劇的に拡大するような場面もある。

たとえば水ぼうそう。不快な病気だが、幼いうちにかかる限り危険なことはめったにない。水ぼうそうは感染力が強いので、ワ

6　「とてつもなく敏感な」市場もある。大手石油メーカーのガソリンスタンドで働いている友人によると、自分の店がたとえば1リットル132.9ペンスで売っていて、隣の競合店が0.1ペンス安い132.8ペンスで売っていると、0.1%にも満たないその価格差のせいで客が5%以上も減るのだという。

クチンを打たないとほとんどの子供がいつかはかかる。水ぼうそうにかかった1人の子供が、感染期間中に10人の子供にうつし、その新たにかかった子供がそれぞれさらに10人の子供にうつすと、感染者は100人になる。その感染した100人の子供がそれぞれ10人の子供にうつすと、最初の子供が数週間のうちに1000人を感染させたことになる。

初期段階では感染は「指数的」に広がる。それをモデル化するのに使われる高度な数学があるが、ここではポイントを絞って、初期段階では週末のたびに1人が10人を感染させると仮定しよう。すると次のようになる。

$$N = 10^T$$

Nは感染者数、Tは感染が始まってから何週間経ったかである。

1週間経ったときには、$N = 10^1 = 10$
2週間経ったときには、$N = 10^2 = 100$
3週間経ったときには、$N = 10^3 = 1000$
……

では、感染率が20%増えて、1人の子供が10人でなく12人の子供にうつすようになったら、はたしてどうなるだろうか？（たとえばクラスの人数が多かったり、ほかの子供と遊ぶ日が多かったりすると、このように感染率が上がるかもしれない）。

1週間経ったとき、感染している子供の人数は10人でなく12人で、20%増えるだけだ。でも3週間経ったときには、$N = 12^3$

＝1728と、N＝10の場合に比べて2倍近くに増える。そして、日が経つにつれてこの差はどんどんと広がっていくのだ。

とてつもなく複雑な「気候変動」

場合によっては、モデルに入力する数値と出力される予測値との関係性がこれほど直接的でないこともある。関係する要素が互いに連動していて、とてつもなく複雑であるような場面がたびたびあるのだ。

その中でもおそらく一番重要なのが、気候変動だろう。気温上昇が海面水位や気候、作物収穫量や動物の個体数にどんな影響をおよぼすかを、世界中の科学者がモデル化しようとしている。そして、人間が行動を変えない限り世界の気温が今後も上昇するということで、ほぼ意見が一致している。

でもどんな仮定を置くかによって、数学モデルからはじき出される結果には大きな幅がある。

世界的には温暖化するが、いくつかの国では冬がいまよりも寒くなるかもしれない。作物収穫量は増えるかもしれないし、減るかもしれない。世界的な影響は比較的害が少ないかもしれないし、壊滅的かもしれない。推測はできるし、判断に基づいて行動することもできるが、確信はできないのだ。

小さな変化が大きな影響をもたらす「バタフライ効果」

1952年、SF作家のレイ・ブラッドベリが『雷のような音』という短編小説を書いた。恐竜時代にタイムトラベルした人がうっかり1匹の小さな蝶を殺し、その一見無害な出来事がドミノ倒しのように次々に影響をもたらして、現代の世界が様変わりしてしまうという物語だ。

これが書かれてから20年後、数学者・気象学者のエドワード・ローレンツが、初期状態の小さな変化がのちに予測不可能な大きな影響をもたらすさまを表現するために、この物語を引き合いに出して「バタフライ効果」という言葉を作った。

バタフライ効果は至るところに見られる。このバタフライ効果のせいで、気候変動だけでなく政治情勢や経済状況も、自信を持って長期的に予測するのはとてつもなく難しいのだ。

COLUMN

狂牛病と狂った予測

1995年、イングランド南部ウィルトシャー州の19歳の少年スティーヴン・チャーチルが、変異型クロイツフェルト・ヤコブ病（vCJD）による初の死者となった。脳が急速に変性するこの恐ろしい病気は、BSE、いわゆる「狂牛病」と関係していて、病原体に汚染された牛肉を食べることで発症する。

それから数か月間でvCJDによる死者がさらに出たことを受けて、健康科学者は、この流行がどこまで大規模になるか予測を立てはじめた。そして、死者は少なくとも100人を超えるという計算になった。しかし最悪の場合、死者は500000人にも上ると予測された[7]。まさに悪夢のような人数だ。

25年近く経ったいまでは、この予測がどのように導かれたの

7　1996年にEUの科学運営委員会が示した予測における最悪のシナリオ。

かを知ることができる。この予測は見事当たり、死者数は実際に100人から500000人のあいだだった。でも、ゴールポストの左右の柱が互いにとてつもなく離れていたことを考えれば、たいして驚くようなことではない。

vCJDによる実際の死者数と考えられている値は、約250。予測の下限にかなり近く、上限のおよそ2000分の1だ。

では、なぜ予測にこれほど大きな幅があったのか？

この病気が初めて特定された時点では、汚染されたバーガーを食べた人数は比較的よく推測できたものの、どれだけの割合の人が変性たんぱく質（プリオンという）に侵されるかは見当もつかなかったからだ。潜伏期間の長さも不明だった。

最悪のケースのシナリオは、感染した人全員がいずれ発症するというものだった。しかし、症状が表れるまでに10年もかかる可能性もあったため、最終的にどのような影響が表れるかはこの時点では不明だった。そして実際には、変性プリオンに感染したほとんどの人が耐性を持っていたのだ。

これは、統計的予測の正確さが一番不確かな入力値に引きずられることを物語る、興味深い実例だ。BSEと診断されたウシの頭数など、いくつかの数値は精確に分かるかもしれないが、発症率を0.01～100%までしか絞り込めなかったら、予測値の幅も10000倍より小さくはならないのだ。

僕が知る限り、死者数を有効数字2桁以上で予測しようとした人は誰もいない。たとえば370000と予測したところで、そこまでの正確さをデータで裏付けることはけっしてできないのだ。

この数値は理にかなっている?

封筒の裏の数学で身につけられる大事な能力の一つが、「この数値は理にかなっているか」という疑問に答えられることである。この場合、封筒の裏と電卓は互いに相性が良い。電卓が力任せに数値をはじき出したら、封筒の裏を使って、その数値が理にかなっているかどうか、たとえば指が滑って間違ったボタンを押してしまってはいないかをチェックするのだ。

誰もが四六時中、数にまみれている。とくに、会計計算や商品の値段、意見や判断のもととなる統計値などだ。人はそれらの数値をありのままに受け止めるものとされているし、多くの場合はそうすべきだ。

ある病院の閉鎖を主張する政治家は、1人のジャーナリストごときが統計値を根拠に反論してきても、考えなおすことはないだろう。でもそういうジャーナリストが増えてくれば、何かが変わるかもしれない。

だが、統計値がまやかしだったことが明らかになっても、時すでに遅しという場合は多い。

よく考えるとどこかおかしい数値

2010年のイギリス、野党だった保守党は、当時政権に就いていた労働党の政策によって社会的不平等が起こっていると訴えようとした。

そこで『労働党の2つの国家』と題した報告書の中で、国内でもっとも恵まれていない地域では「女性の54%が18歳未満で妊娠しているようだ」と主張した。この数値がチェックもされずに取り上げられたのは、それが真実であることを保守党の政策立案者が望んでいたからだろう。

もし本当にその地区の女性の半数が学校卒業前に妊娠しているとしたら、都市中心部の社会が崩壊しているというショッキングな現状を描き出せるのだから。

でも、真実はとうていそこまでひどくはなかった。誰かが小数点を打つ場所を間違えていたのだ。報告書の別のところには、正しい統計値として、恵まれていない10の地区に住む15歳から17歳までの女性1000人のうち54.32人が妊娠したことがあると記されている。1000人中54人は、54%でなく5.4%だ。54.32という数値のまやかしの精度に、きっと執筆者が混乱したのだろう。

もう少し深く考えないと、どこがおかしいか分からないような数値もある。イギリスでは1990年から10年ごとに、「性的態度に関する全国調査」の結果を発表している。全国の性行動の全体像を知ることができる調査だ。

報告書が発表されるたびに関心を集める統計値の一つが、男女それぞれが生涯のうちに平均何人の相手と性交渉をするかである。

最初の3回の報告における数値は、次のとおり。

生涯における異性の性交渉相手の平均人数（16～44歳）

年	男	女
1990－1991	8.6	3.7
1999－2001	12.6	6.5
2010－2012	11.7	7.7

かなり本質を突いた数値に見える。1990年代末に性交渉相手の人数が急上昇した後、2010年代前半に男性はわずかに下がって、女性は上がっている。

でも、これらの数値には何かおかしなところがある。新たな男女ペアが性交渉をするたびに、男性全員の性交渉相手の合計人数は1増える。そして、女性全員の性交渉相手の合計人数も同じく1増える。中には性に奔放な人もいるが、全国民で見れば、男性にとっての女性パートナーの合計人数と、女性にとっての男性パートナーの合計人数が同じはずだというのは、否定しようのない事実である。つまり、2つの平均値はほぼ同じでなければおかしいのだ。

この食い違いを説明する方法は、何通りかある。たとえば、この調査は真に全国民を代表してはおらず、少数の女性としかセックスしない大勢の男性が調査対象に含まれていなかったのかもしれない。

でももっとありえそうな解釈がある。嘘をついている人がいるのだ。この調査では各個人の正直さと記憶に頼ってこれらの統計値を導いていて、答えた人数が正しいかどうかをチェックする術はない。

　きっと、男性が自分の経験人数を多く答えているか、または女性が少なく答えているのだろう。もしかしたら両方かもしれない。あるいは、女性よりも男性のほうが性交渉の経験を長く覚えていられるのかもしれない。どんな理由にせよ、信頼できそうに見える数値でも、よくよく考えると辻褄が合わないことがあるのだ。

「おおざっぱな計算」は役に立つ

この第1章で分かってもらえたと思うが、多くの場合、有効数字が1桁か2桁より多い数値は誤解を招きやすく、誤って確実な数値だと感じてしまいかねない。**高い精度で示されていると、その数値は正確である、つまり「真の」答えにかなり近いと思い込んでしまう**からだ。

電卓や表計算ソフトは計算の手間を大幅に減らしてくれたが、その一方で、どんな問題の答えでも小数点以下何桁も示せるのだという幻想を生み出してしまった。

もちろん、有効数字を4桁以上まで知ることが大事な場面もある。次のような場合だ。

- 金融に関する計算や報告。ある企業の収益が2407884ポンドだとしたら、人によっては最後の884ポンドが重要かもしれない。
- 小さな変化を見つけたい場合。天文学では、遠くの天体の軌道が変化しているかどうかを見極める上で、有効数字10桁かそれ以上の情報が役に立つかもしれない。
- 最先端の物理学でも、原子に関係する量として有効数字10桁以上まで求められているものがある。
- GPSで車や目的地の位置を特定するなど、正確な測定をする場合。有効数字5桁目が、友達の家の前に停車するか、あるいは池に飛び込んでしまうかを左右するかもしれない。

でも、政府発表やスポーツの記事や景気予測など、ニュースに取り上げられる数値をざっと見渡していくだけでも、有効数字4桁以上を知る価値のあるような数値は驚くほど少ないことが分かるだろう。

そして、有効数字の桁が少ない数値をおもに扱うのであれば、それをはじき出すための計算はもっと単純にできる。あまりにも単純で、たいていは封筒の裏か、または練習をすれば暗算でもできるはずだ。

第 2 章

計算道具

計算に欠かせない道具

封筒の裏で計算するための道具は、かなりシンプルだ。

欠かせない道具の1つ目は、数値を丸めて有効数字1桁または数桁にする能力。

正確な答えを出すには、さらに次の3つの道具が必要だ。

・基本的な算数（暗算での足し算と引き算、そして10までの掛け算の表）
・パーセントと分数を扱う能力
・10の累乗（10、100、1000……）を使って計算し、「桁数」をはじき出せること。つまり、答えがたとえば数百なのか、それとも数千なのか数万なのかを見極めること。

最後に、距離や人口など、ありふれた多くの計算に登場するいくつかの重要な数値を頭に入れておくと便利だ。

この第2章でいくつかのコツを身につけておけば、のちのち封筒の裏で計算するときに役に立つ。そんなコツの一つが、僕が「ジコール」と呼んでいるテクニックとその使い方だ（初めて見る人もいるかもしれないが）。

君は算数家？

第１章で計算のウォーミングアップをしてもらった。君がどの程度の「算数家」なのか自覚できたと思う。

算数家なんて言葉は、あまり聞かない。

でも、昔はもっとずっと馴染み深い言葉だった。

たとえばシェイクスピアの『オセロー』には、「大算数家のフィレンツェ人、マイケル・キャシオー」という一節がある。この台詞を言った悪役イアーゴーは、副官の職をキャシオーという男に奪われたことに怒っている。この算数家の名前キャシオーが、イギリスで最大のシェアを誇る電卓ブランド、カシオにたまたま似ているのはなんとも愉快だ。

イアーゴーは、「確かにキャシオーは数には強いかもしれないが、現実の世界を理解していない」とあざ笑う（数学に強い人は現実から距離を取って抽象的に物事を考えるという、このかなり辛辣な先入観は、いまでも生きつづけている）。

シェイクスピアはどの戯曲でも「数学者」という言葉はけっして使っていないが、当時は「数学」と「算数」は交換可能な意味で使われることが多かった。いまでもこの２つの言葉は同じ意味で使われることがあって、多くの数学者の頭痛の種だ。

数学と算数の違いとは？

では、数学は算数とどこが違うのだろうか？　数学者に尋ねると、いろんな答えが返ってくる。「真である事柄を論理的に証明すること」とか「パターンや関係性に注目すること」といった答えだ。「掛け算の表を覚えること」とか「勘定を合計すること」といった答えはけっして返ってこない。

これに対して算数は、完全に計算にまつわるものである。

どういう意味か、1つ例を挙げよう。

好きな整数を1つ選ぶ（たとえば789）。それを2倍して1を足す。数学者なら、たとえ789×2＋1の答えを導けなくても[8]、論理的な証明を使って、その答えは奇数であると確実に断言できる。

一方で算数家は、電卓を使わなくても789×2＋1＝1579を素早く計算できる。

腕の立つ算数家なら、もっとずっと難しい計算もこなせる。暗算で$\frac{4}{7}$をパーセントに素早く変換したり、43×29を正確に計算したりできる。あるいは、投球数限定のクリケットの試合で、イングランドチームが31回の投球で171点を上げるには、1回の投球あたり5往復半とあと少し走る必要があると、素早くはじき出すことができる。

8　念のために言っておくが、ほとんどの数学者はこのくらいの計算ならできるはずだ。

17歳で学校をやめた僕の母は、同世代の多くの人と同じく算数に強かった。それは当たり前のことだった。母が学校で受けた教育の大部分は、来る日も来る日もノートで計算問題を次から次へと解いていくことだったからだ。

でも、多くの一流数学者が計算にからっきし弱いのとは対照的に、母は代数学も幾何学もほとんど知らなかったし、形式的な証明もできなかった。

とはいっても、算数と数学には重なっている部分もかなりある。計算のテクニックや便法の多くが数学の深い考え方とつながっているし、学校卒業までに学ぶ数学のほとんどに、基本的な掛け算や足し算くらいの算数は最低限必要だ。

算数も数学も論理的思考に根ざしていて、どちらもパターンや関係性をとらえる能力（そして喜び）を駆使する。

人は簡単な算数さえも忘れてしまう

至るところに登場する算数だが、16歳を過ぎるとめったに勉強することはない。16歳以上の試験ではほぼ例外なしに電卓の使用が認められていて、ほとんどの人は高校を卒業した時点で算数のスキルなんて忘れてしまうものだ。

少し前のこと、エンジニアリング会社を経営する友人が、工学を専攻する最終学年の大学生何人かと、現在取り組んでいる設計上のある問題について話をしていた。

「このパイプは、断面積が4.2平方メートル。水は秒速約2メートルで流れる。では、このパイプを1秒あたりどれだけの量の水が流れるか？」

要するに、4.2×2を計算せよということだ。賢くて数学に強いこの学生たちは、即座に「8.4」または「約8」(おおざっぱな概算にすぎないから) と答えるはずだと、友人は思い込んでいた。ところが驚いたことに、学生は揃いも揃って電卓を取り出したのだ。

電卓のおかげで、難しい計算をせずに済むようになった。もちろん算数に強くなくても、良い概算値をはじき出すことはできる。でも算数に強いと、何かと役に立つのだ。

練習問題

以下の10問の計算問題の答えを、素早く概算できるだろうか？　正解の (たとえば) 5%以内の答えを出せたら、そこそこのものだ。さらに、ほとんどの問題に暗算で正確に答えられたら、算数家を自称してかまわない。

(a) 食事をしたら7.23ポンドだった。君は10ポンド札を出した。おつりはいくら？

(b) マハトマ・ガンディーは1869年10月に生まれて、1948年1月に死んだ。最後の誕生日には何歳になった？

(c) ある売店で1本70ペンスのチョコレートバーを800本売った。売上は？

(d) ケイトの給料は28000ポンド。そこから3%昇給した。新たな給料はいくら？

(e) 車で144マイル走ったらガソリンが4.5ガロン減った。燃費は？

(f) レストランで3人の客が合計86.40ポンドの伝票を受け取った。割り勘したら1人いくら？

(g) 25の16％は？

(h) ある試験で70問中38問正解した。正答率は何パーセント？（もっとも近い整数で答えよ）

(i) 678×9は？

(j) 810005の平方根は？（もっとも近い整数で答えよ）

正解は195〜198ページ。

素早く計算できる基本的な算数

足し算と引き算は「左から」計算する

一般的な筆算では、一番右の位（たいていは1の位）からスタートして左へ進めていく。でも、**素早く計算したい場合は逆に左から進めていくほうが良い。**

例として349＋257を計算してみよう。

学校ではきっと、右端の1の位からスタートすると教わっただろう。第1段階は次のようにする。

```
  3 4 9
+ 2 5 7
-------
      6
```

9＋7＝16なので、下に6と書いて1が繰り上がる[9]。

そして左へ進めていく。

```
  3 4 9
+ 2 5 7
-------
  6 0 6
```

4＋5＋1＝10なので、下に0と書いて1が繰り上がる。3＋2＋1＝6。

でも暗算でやる場合は、一番大きい（一番左の）位からスター

9　繰り上がった‘1’は10を表す。小さい1をどこに書くかは、君がいつ頃学校に通っていたかによって違う。

トするほうがやりやすい。

つまり349＋257の計算は、まず300＋200＝500として、次にそれに40＋50＝90を足し、最後に7＋9＝16を足す。

左から進めていくと、どのくらいの答えになりそうか（「500といくらかだろう」）を最初のステップでおおざっぱに見積もることができる。

引き算にも似たような方法が使える。標準的な筆算で742－258を計算するには、右から進めていって、途中で「10を借りる」必要がある（言い回しは違っていたかもしれない）。僕の子供たちは、学校で次のように教わった。

$$
\begin{array}{r}
{}^{6}\!\not{7}\ {}^{3}\!\not{4}\ {}^{1}2 \\
-\ 2\ \ 5\ \ 8 \\
\hline
4\ \ 8\ \ 4
\end{array}
$$

2から8は引けないので、10を借りて、12－8＝4。
3から5は引けないので、10を借りて、13－5＝8。6－2＝4。

でも左からスタートすれば、700－200（＝500）、40－50（引けないから500から10を引く）と進めていくことができる。

もっと正確な答えが欲しいなら、さらに1の位の2－8を計算すればいい（6を引く）。

掛け算と掛け算の表

電卓が普及しているいまでも、子供たちは100年前と同じく、小学校で掛け算の表を身につけることになっている。

イギリスでは12×12までの掛け算を覚える。インドなどいくつかの国では20×20までのことも珍しくなく、たとえば13×17の答えを丸暗記する子供もいる。

でも封筒の裏の数学では、10×10まで知っていればたいてい十分だ。

掛け算の表を少し忘れてしまっている人もいるかもしれない。この本を読んでいる以上、きっと3×4は暗算できるだろうが、もう少し難しい掛け算となると多くの大人は腕がなまっている。

間違えやすいことで有名なのは7×8だが、掛け算の表を使った100万件以上の計算をネットで分析した結果によると[10]、一番多く間違えるのは9×3だという。

暗算で掛け算をするときに役に立つコツをいくつか教えよう。掛け算の表に当てはまるものだが、もっと大きい数の掛け算にも役に立つ。

〈コツその1〉掛け算の順序を変える

掛け算の順序を変えても、答えは変わらない。たとえば、3×5と5×3は等しい。なぜそうなのかを納得する1つの方法として、トレーに並んだ卵を数えることで掛け算を考えてみよう。

10 ブルーノ・レディが作ったウェブサイト 'The Times Tables Rockstars' では、小中学生が掛け算の表を練習するたびにその出来が記録される。このデータベースには10億件を超えるデータが記録されているが、その大部分はまだ分析されていない。

この図のトレーには卵は何個あるか？　5個並んだ横の列が3列か？　それとも3個並んだ縦の列が5列か？

どちらでも答えは15だ。分かりきったことだが、どんな掛け算も、トレーに並んだ卵を数えることに置き換えて考えればいい。だから、7431×278の答えがたとえ分からなくても、それが278×7431と同じであることは自信を持って言える。

この発想は、掛ける数が3つ以上の場合にも通用する。5×13×2は2×5×13と同じだ。**掛けようとしている数の順番を変えれば計算が簡単になることが多い**。いまの例では2×5＝10なので、5×13×2を並べ替えれば10×13＝130となる。

〈コツその2〉3を掛ける場合

3を掛けるのは、2倍してから同じ数を足すのと同じだ。つまり3×12は、2×12(＝24）としてからさらに12を足せばいい。

〈コツその3〉4や8を掛ける場合

4を掛けるのは、2倍してから再び2倍するのと同じだ。また8を掛けるには、2倍することを3回繰り返せばいい。

〈コツその4〉9を掛ける場合

9を掛けるには、まず10倍してからもとの数を引けばいい。たとえば9×8は、10×8(＝80）としてから8を引けばいい（答えは72)。同じく9×68は、10×68(＝680）から68を引く（答えは612)。

〈コツその5〉5を掛ける場合

5を掛けるのは、半分にしてから10を掛けるのと同じだ。468×5は難しそうに見えるが、468÷2(＝234)を10倍（答えは2340）とすればかなり簡単になる。もちろん順番を逆にして、10を掛けてから2で割ってもいい。たとえば43×5＝43×10÷2＝215。

練習問題

以下の計算を暗算でやってみよう（いま紹介した便法を使ってもいいし、自分なりの方法を使ってもいい）。

（a）3×26
（b）35×9
（c）4×171
（d）5×462
（e）1414÷5

正解は198ページ。

割り算で使える「短除法」

割り算の説明のしかたはいろいろあるが、1つの方法は、単純に掛け算の逆、つまり**掛け算の表を逆向きにたどっていくと考える**ことだ。72を8で割るには、頭の中に掛け算の表を思い浮かべて、8と何を掛ければ72になるかを当たっていけばいい（答えは9)。

余りが出ることも多いが、考え方は同じ。

74÷8は？　74より小さくて一番近い8の倍数は9×8＝72なので、答えは9余り2。ここでも掛け算の表を使いこなせると役に立つ。

もっと大きい数を割るには、短除法というものを使って、掛け算の表を繰り返し当てはめていけばいい。僕が教わった方法では、596を4で割るには以下のようにする。

　 1 4 9
4 | 5 [1]9 [3]6

5の中に4が1つあって、余りは1（上に1と書き、1が繰り下がって19となる)。
19の中に4が4つあって、余りは3。
36の中に4がちょうど9つある。

このような正確な計算方法がどうして概算の指南本に出ているのか、不思議に思った人もいるかもしれない。

その理由は、この計算を最後までやる必要はなくて、途中で答えを丸めてしまえることだ。たとえば、2桁目でやめれば答えは150となる（有効数字2桁目で丸めたことになる)。短除法は、パーセントの計算にも役に立つ（56～57ページで説明する)。

小数と分数

桁の値と小数点

1より小さい数を難しいと感じる人もいるだろう。

1000の位	100の位	10の位	1の位		0.1の位	0.01の位	0.001の位
6	7	1	5	.	4	3	8

小数点より右側の数字も、左側の数字と役割は同じ。小数点の次の最初の数字は「0.1が何個あるか」を表し、その次の数字は「0.01が何個あるか」、さらに次の数字は「0.001が何個あるか」を表す。

0.528という数には0.1が5個と0.01が2個含まれているが、場合によっては桁をつなげて「0.01が52.8個」と言ってもいい。別の書き方をすれば、52.8÷100、または52.8%となる。パーセントは「100分のいくつ」という意味で、後でもっと詳しく説明する。

日常生活では、分数を小数（またはパーセント）に変換しなければならないことがよくある。新聞に、「4人に1人が泥棒の被害に遭ったことがあり、8%が強盗に入られたことがある」と書いてあったら、25%＋8%＝33%、つまり約3人に1人が何かを盗まれた経験があるということになる。

次の分数がどんな小数に等しいかは、きっと頭に入っていることだろう。

$\frac{1}{2}$は 0.5 に等しい。
$\frac{1}{4}$は 0.25 に等しい。
$\frac{1}{3}$は 0.33 にほぼ等しい。

では、$\frac{2}{7}$（つまり 2÷7）は？

分数を小数に変換する 1 つの方法は、短除法である。200÷7 を計算してから、答えが 1 より小さいことを踏まえて小数点を付け加えればいい。

$$\begin{array}{r|l} & 0.2\;8\;5\;7\cdots \\ \hline 7 & 2.{}^{2}0\;{}^{6}0\;{}^{4}0\;{}^{5}0 \end{array}$$

$\frac{2}{7}$を小数で表すと 0.2857……となり、どこまでの精度が必要かによって、0.286 や 0.29 などと丸めればいい。

COLUMN

生死に関わる小数点

体重 20 キログラムの子供がある感染症にかかって、抗生物質アモキシシリンを投与しなければならない。ガイドラインでは、体重1キログラムあたりアモキシシリン25ミリグラムを12時間おきに投与することになっている。飲み薬には、5ミリリットルあたり250ミリグラムのアモキシシリンが含まれている。では飲み薬1回の服用量（ミリリットル）は？

高校の卒業試験のように聞こえるかもしれないが、実はかかりつけ医や病院勤務のベテラン看護師が直面しかねない、かなりありふれた問題だ。まずは答えを出してみよう。そして、小数点を間違った場所に打ったら命に関わることを踏まえて、服用量を書き記すのにどれだけ勇気がいるか想像してみてほしい。

もちろん電卓も役に立つかもしれないが、どの数をどの数で割るかを分かっていなければならないし、太い指で間違った数字を叩いたり0を余分に打ったりしないよう注意しなければならない。

薬剤師や病院で働いている人が、このような計算をときどき間違えてしまうのも当然だ。ある医師（匿名）は、あるとき薬を処方してから数日後に、患者の症状がどちらかというと悪化しているのに気づいたという。なぜ薬が効かないのかと思ってチェックしてみると、服用量が10倍違っていたことが分かった。幸いなことに、10倍少なかったのだ。

分数の掛け算

分数を掛け合わせる機会は、そう多くない。僕の場合、分数の掛け算をしなければならない場面としてこれまでで飛び抜けて多かったのは、2つの出来事が両方起こる確率（たとえばポーカーをしていて、次のカードもその次のカードもクイーンである確率）

を計算するときだ。

2つの分数を掛け合わせるときの規則は単純で、上の数（分子）を掛け合わせて新たな分子を作り、下の数（分母）を掛け合わせて新たな分母を作ればいい。

たとえば次のようになる。

$$\frac{2}{3} \times \frac{5}{13} = \frac{10}{39}$$

分子と分母に共通の「約数」（割り切る数）があれば、計算は単純になる。たとえば、

$$\frac{6}{7} \times \frac{4}{15}$$

は難しそうに見えるが、分子の6と分母の15はどちらも3で割り切れるので、次のように単純になる。

$$\frac{\cancel{6}^{2}}{7} \times \frac{4}{\cancel{15}^{5}} = \frac{8}{35}$$

$\frac{8}{35}$はどのくらいか？　8÷32が$\frac{1}{4}$なので、8÷35は$\frac{1}{4}$より少し大きい。

練習問題

(a) $\frac{1}{3}\times\frac{1}{2}$

(b) $\frac{2}{5}\times\frac{2}{3}$

(c) $\frac{3}{4}\times\frac{1}{5}\times\frac{2}{3}$

(d) $\frac{6}{7}\times\frac{14}{23}$ は $\frac{1}{2}$ より大きいか小さいか?

(e) $\frac{51}{52}\times\frac{50}{51}$

正解は199ページ。

パーセントを即座に計算するコツ

次のことを覚えておくと便利だ。**「%」は単純に「÷100」という意味で、「AのB%」の「の」は、「×」だと考えればいい。**つまり40の30%は、「40×30÷100」ということだ。

だから、「AのB%」(たとえば「40の30%」)というタイプのどんな計算でも、答えはA×B÷100となる。

40の30%は?
40×30＝1200 …… 100で割ると …… 12

80の9%は?
80×9＝720 …… 100で割ると …… 7.2

パーセントを計算するためのコツをほかにいくつか紹介しよう。

〈コツその1〉「10%」を活用する

10%を計算するのは簡単なので、これを基準に使えばいい。たとえば320の5%は？　320の10%（10分の1）は32なので、5%はその半分、16だ。

〈コツその2〉「1%」を使ってから掛け算する

10%がうまく使えなかったら、代わりに1%を使って、そこから掛け算してみること。たとえば80の3%は？　80の1%は0.8なので、3%はその3倍、3×0.8＝2.4だ。

〈コツその3〉計算しやすい順番に変える

「AのB%」を計算しなければならない場合、掛け算と同じように数の順番をひっくり返してもかまわない。25の16%は16の25%と同じだ。さらに、16の25%は「16の$\frac{1}{4}$」と同じ。だから25の16%は4。

〈コツその4〉短除法を使う

短除法（50〜51ページ）に自信があれば、すぐに暗算でパーセントを有効数字2桁まで計算できるようになるはずだ。パーセントを概算するときは、そこまでの精度で十分だろう[11]。

---

11 ニュースではパーセントはたいてい有効数字2桁で表されるし、3桁示されている場合でもふつうは2桁で十分だ。たとえばちょうどいま、リサイクル率が44.8%であるというニュースが流れている。代わりに45%と報じたところで、何か情報が減ったと感じるだろうか？

ある試験で80問中57問正解だったら、正答率は何パーセント？　このような問題であれば、次のような計算をすればいい。

$$57 \div 80 = 5.7 \div 8$$

これを短除法で計算すると、以下のようになる。

$$\begin{array}{r|l} & 0.712\cdots \\ \hline 8 & 5.7\,{}^{1}0\,{}^{2}0 \end{array}$$

答えは0.712、つまり、有効数字2桁で71%（または「おおよそ70%」）だ。

練習問題

（a）定価28ポンドのシャツが、セールで「表示価格の25%オフ」になっている。セール価格は？

（b）80の15%は？

（c）50の14%は？

（d）49は68の何パーセントか、概算せよ。

（e）266÷600をパーセントで有効数字2桁まで計算せよ。

（f）ケイトの給料は25000ポンドだったが、昇進で給料が8.4%上がった。新たな給料は？

正解は199ページ。

COLUMN

税抜価格

パーセントの計算の中でもよくつまずくのが、税込価格から消費税を差し引くという計算である。現在、イギリスの消費税は20%。広告に「30 ポンド + 税」と書いてあった場合、税込価格を計算するには、30 ポンドの 20%（＝6 ポンド）に 30 ポンドを足して 36 ポンドとするか、またはもっと直接、税抜価格に 1.20 を掛ければいい。

30ポンド（税抜）× 1.20 ＝ 36ポンド（税込）

では、税込価格が 36 ポンドだった場合、単純にそこから 20% を引けば税抜価格になるのか？　それは違う！　36 ポンドの 20% は 7.20 ポンドで、税抜価格は以下のようになるが、これは間違いだ！

36ポンド（税込）－ 7.20ポンド ＝ 28.80ポンド

さっき計算したように、税抜価格は 30 ポンドだ。どうしてこんなことになったのだろう？

税抜価格を計算するには、消費税を足したときと逆の計算をしなければならない。消費税を足すには 1.2 を掛けるのだから、消費税を差し引くには 1.2 で**割らなければならない**のだ。

36ポンド（税込）÷1.2＝30ポンド（税抜）

1.2で割るのは$\frac{5}{6}$を掛けるのと同じなので、税込価格の中の消費税分（20%）を計算するには、単に6で割ればいい。ある商品の税込価格が66ポンドだったら、消費税分は66ポンド÷6＝11ポンドだ。税抜価格は5×11ポンド＝55ポンド（1990年代には消費税が17.5%だったので、こんなふうに簡単には計算できなかった）。

10の累乗を使った計算

大きい数の掛け算

7×8は分かるはずだが、では70×80や7000×800は? 封筒の裏の計算には数百や数千やそれ以上の数が出てくることも多いので、このような数を簡単に操れるようにしておくのは大事だ。

君は電卓を使わずに700×80を計算できるだろうか?

このようなきりの良い数を暗算する場合、僕はいつも、**一番上の位の数字と0を別々に扱う**という便法を使う。

まず7×8を計算して(=56)、それから2つの数の後ろにくっついている0の個数を数え(合計3個)、それを後ろにくっつける。答えは56000だ。

これまでに、イギリスの十代の若者数百人に700×80を計算してもらったことがある。ただし多くの場合、お金に関する問題として、「売店で1本80ペンスのチョコレートバーを700本売った。売上の合計は?」と質問した。

若者の大部分は、小学校で練習してから何年も経っていても、7×8=56は覚えていた。でも多くの若者は、答えに0を何個付ければいいか、どこに小数点を打てばいいかがなかなか分からなかった。チョコレートバーの問題では、56ポンドや5.60ポンド、5600ポンドや56000ポンドという答えを出した人も少なくなかった。十代の若者（高校卒業試験をパスしている人も含む）が苦しむのなら、多くの大人も間違えると思って差し支えないだろう。

ちなみにこの問題では、概算することが役に立つ。80ペンスは1ポンドに近く、700×1ポンド＝700ポンドなので、正解は700ポンドより少し少ない。当然、56ポンドや5600ポンドのはずはない。

練習問題

（a）400×90
（b）300×700
（c）80000×1100
（d）ブリストルにあるオールドヴィックシアターの改築のために、資金を集めなければならなくなった。そこで資金調達の足しにと、永久に全公演を観劇できる「シルバーチケット」を1枚50000ポンドで50枚販売した。目標金額の2500万ポンドまでどれだけ近づいただろうか？

正解は200ページ。

小数の掛け算のコツ

小数の掛け算はもっと厄介だ。でも、一方が最後に0の付く数で、もう一方が小数だったら、**0を「トレード」しあうことで**

計算しやすくなる。つまり、一方の数を10倍してもう一方の数を10で割るという操作を繰り返していって、どちらかの数が扱いやすい大きさになるようにすればいいのだ。

たとえば、次のようにする。

$$
\begin{aligned}
&8000 \times 0.02 \\
&= 800 \times 0.2 \\
&= 80 \times 2 \\
&= 160
\end{aligned}
$$

別の例を。

$$0.2 \times 0.4 = 2 \times 0.04 = 0.08$$

大きい数の割り算

割り算の場合、一番簡単な方法は、**両方の数から0を1つずつ消していって（つまり10で割っていって）、最終的に1桁の数にすればいい。**例を挙げよう。

$12000 \div 40$ は $1200 \div 4$ となり、答えは 300

また別の例を。

$88000 \div 300$ は $880 \div 3$ となる。これは300より少し小さい。

小数で割るときには、両方の数を10倍していって、割る数が小数でないようにすればいい。たとえば、次のようにする。

$$
\begin{aligned}
&0.006 \div 0.02 \\
&= 0.06 \div 0.2 \\
&= 0.6 \div 2 \\
&= 0.3
\end{aligned}
$$

練習問題

（a）$1000 \div 20$

（b）$6300 \div 90$

（c）$160000000 \div 80$

（d）2200×0.03

（e）$0.05 \div 0.001$

正解は200ページ。

大きい数の「指数表記」を使う

科学者が測定する数は巨大だったり微小だったりすることが多く、そうした数を使って計算するときには「指数表記」というものがよく使われる。**指数表記とは、すべての数を1個の数字と10の累乗の組み合わせで表すというものだ。**

たとえば400は指数表記では4×10^2となる。

10の右肩に付いている指数は、掛け算のときには足し合わされ、割り算のときには引き算される。

たとえば、次のようになる。

$$
\begin{aligned}
&90000 \times 40 \\
&= 9 \times 10^4 \times 4 \times 10^1 \\
&= 36 \times 10^5 \ (= 3600000)
\end{aligned}
$$

または、次のようになる。

$$
\begin{aligned}
&700000 \div 200 \\
&= 7 \times 10^5 \div 2 \times 10^2 \\
&= 3.5 \times 10^3
\end{aligned}
$$

練習問題

（a）4×10^7 を省略しない形で書くと？

（b）1270を指数表記で書くと？

（c）60億を指数表記で書くと？

（d）$(2 \times 10^8) \times (1.2 \times 10^3)$

（e）$(4 \times 10^7) \div (8 \times 10^2)$

（f）$(7 \times 10^4) \div (2 \times 10^{-3})$

正解は200ページ。

COLUMN

スターウォーズのパワー

1980年代半ばにロナルド・レーガンが掲げた戦略防衛構想（SDI）にまつわる、「指数表記」のジョークがある。実話だったらさぞかし愉快だろう。

SDI、またの名を「スターウォーズ計画」は、敵の核ミサイルを遠距離から破壊できるレーザー兵器を開発するというものだった。レーザー兵器には膨大なエネルギーが必要で、それが実現可能かどうかを探る研究に数百万ドルの予算が割り振られた。

研究の途中で各研究所が、政府に進展状況を報告するよう求められた。

ある役人が、「1基あたりどれだけのエネルギーが必要なのか？」と尋ねた。

「10^{12}ワット必要です」

「現時点ではどれだけエネルギーをつぎ込めるのか？」

「約10^6ワットです」

するとその役人は、「よろしい。半分くらい進んだな」と満足げに言ったのだという。

オチが分からなかった人のために説明しておくと、10^{12}の半分は実際には5×10^{11}なので、この役人は500000倍もの勘違いをしたのだ。

COLUMN

テラからメガを知る

いくつかの10の累乗にはSI（国際単位系）接頭辞が割り振られていて、とくにエネルギーやコンピュータの性能に関する話でよく出てくる。それらの接頭辞の由来を紹介しよう。

10の累乗	十進数	接頭辞	由来
10^3	1000	キロ	「千」を意味するギリシャ語のchilioiから。1799年にフランスで採用。
10^6	100万	メガ	「大きい」や「高さが高い」を意味するギリシャ語のmegasから。19世紀後半に接頭辞として初めて使われた。
10^9	10億	ギガ	「巨大」を意味するgigasから。1960年に正式に採用。
10^{12}	1兆	テラ	「怪物」を意味するギリシャ語のterasから。ギリシャ語で4を意味するtetraに似ていて、偶然にも4つ目の接頭辞。
10^{15}	1000兆	ペタ	1970年代に採用。ギリシャ語で5を意味するpentaがもとになっているが、テラに合わせて子音を省いている。
10^{18}	100京	エクサ	ペタと同時に採用。6を意味するhexaのhを省いている。
10^{21} 10^{24}	10垓（がい） 1秭（じょ）	ゼタ ヨタ	どちらもあまり使われないが、コンピュータの性能が向上するにつれて見かけるようになるだろう。

主要な数値を知れば、いろんな概算ができる

封筒の裏での計算を身につける上で、概算の基準として役に立つ基本的な統計値がいくつかある。おもなものをいくつか紹介しよう。

世界の人口	70億〜80億
イギリスの人口	7000万弱
ロンドンからエディンバラまでの距離（空を飛んだ場合）	330マイル（約530キロメートル）
赤道一周の距離	約24000マイル（約40000キロメートル）
通勤者の歩く速さ	時速3〜4マイル（時速5〜6キロメートル、秒速2メートル弱）
人間が走る最速の速さ	秒速10メートル強
サッカー・プレミアリーグのトップチームの観客数（1試合あたり）	60000人ほど
一般的な旅客機の巡航速度	時速500〜600マイル（時速800〜1000キロメートル）
一般的なアパートの天井の高さ	2.5メートル（8フィート）
一般的なセダン型自動車の燃費	1ガロンあたり40マイル（1リットルあたり15キロメートル）
水1リットルの重さ	正確に1キログラム
4人乗りファミリーカーの重量	1トンより少し重く、1.5トンよりは軽い

練習問題

68ページのおもな数値を基準にすると、ほかにいろんな数値を概算できる。やってみよう。

（a）ロンドンからニュージーランドのオークランドまでの距離は？

（b）ロンドンからニューヨークまでの距離は？

（c）メキシコシティの人口は？

（d）20階建てビルの高さは？

（e）健康な大人が10マイル（約16キロメートル）歩くにはどれだけの時間がかかる？

（f）イギリスの小学生の人数は？

（g）イギリスでは結婚式が1年に何回挙げられる？

（h）大西洋の面積は？

正解は201〜203ページ。

秘密兵器「ジコール」

ここまで紹介してきたコツをすべて身につければ、電卓を使わずにいろんなタイプの概算を素早く片付けられるはずだ。

そこで最後にもう1つ、道具を授けよう。ジコールだ。

封筒の裏で素早く計算するための秘訣の1つは、計算をできるだけ単純にすること。概算の方法はいろいろあるが、中でも一番徹底しているのがジコールで、これは電卓の必要性を最小限に抑える狙いで作られている。ジコールというのは僕が付けた名前で、厳密な規則があるので専用の記号も考案した。

ジコールの発想は、計算に取りかかる前にすべての数を有効数字1桁まで丸めて単純化するというものである。つまり、例外なくすべての数を数十や数百や数千などに丸めるということだ。

ジコールの記号は〰。いまからジコールの使い方の例をいくつか挙げよう。いずれの例でも、もとの数を丸めて0以外の数字が1つだけになるようにしていることに注意。

6.3 〰 6

35 〰 40　（ジコールの規則では、2つ目の数字が5以上だったら繰り上げる）

23.4 〰 20

870 〰 900

1547812.3 ≋ 2000000（200万）

1桁の数や、0以外の数字が1つしかない数は、すでに有効数字が1桁なのでそのまま。

7 ≋ 7
0.08 ≋ 0.08
9000 ≋ 9000

どうしてジコール（Zequal）と名付けたのか？　この手法では0をたくさん使うから、イコール（equal）の前にゼロ（zero）のZを付けたのだ。ギザギザの記号はのこぎりのようにも見えて、後ろのほうの数字を容赦なく切り捨てる手法だからちょうどいい。

ではなぜジコールは役に立つのか？　複雑な計算が扱いやすくなって暗算で片付けられるようになるし、いまから見ていくように、たいていはおおよそ正しい答えが得られるからだ。

概算のために数を丸めるというのはけっして目新しい考え方ではないが、ジコールを使う場合には、つねに規則に従っていなければならない。またおおざっぱな計算だから、答えも「ジコール化」しなければならない。たとえば、次のようにする。

4×8＝32だが、32 ≋ 30なので、4×8 ≋ 30

COLUMN

新しい数学記号≋

≈という記号は「近似的に等しい」という意味で、数学記号としては珍しいことに、使い方の規則が厳格には決まっていない。たとえば7.3 ≈ 7.2だが、7.3 ≈ 7.0も7.3 ≈ 10も正しい。

7.2や7.0や10などの中からどの近似値を選ぶかは、そのときにどれがもっともふさわしいかを自分で判断して決める。

それに対してジコールには、とても具体的な規則がある。「左端の数字1つだけを残して丸める」という意味なので、例外なしに必ず7.3 ≋ 7だ。

練習問題

以下の数はジコールを使うといくつになるか？

（a）83 ≋

（b）751 ≋

（c）0.46 ≋

（d）2947 ≋

（e）1 ≋

（f）9477777 ≋

正解は204ページ。

ジコールを使った計算

「1年は何時間か?」と質問されたとしよう。答えはおおざっぱでいい。1年は365日で、1日は24時間なので、365×24だ。暗算で求めるのは難しい。でもジコール化すれば簡単に計算できて、365×24 ≈ 400×20＝8000となる。正確な答えの8760と比べてみてほしい。約10%しか違っておらず、ほとんどの場面ではおおよそ合っていると言っていいはずだ。

大勢の小学生を苦しめる割り算も、ジコールを使えば朝飯前だ。5611÷31は? ジコール化すると6000÷30で、答えは200。やはり正確な答え(181)からそう遠くはない。もっと正確な答えが必要で電卓を使う場合にも、ジコールは役に立つ。電卓に18.1という答えが表示されても、ジコールを使った概算をすれば、電卓が間違えていると分かる(たいていはどこかでうっかりボタンを押し間違えたのだろう)。

練習問題

ジコールを使って以下の計算をせよ(正確な答えとどのくらい近いか、そして大きすぎるか小さすぎるかもチェックしたいところだ)。

(a) 7.3＋2.8 ≈

(b) 332－142 ≈

(c) 6.6×3.3 ≈

(d) 47×1.9 ≈

（e）98 ÷ 5.3 ≒

（f）17.3 ÷ 4.1 ≒

正解は 204 ページ。

ジコールの不正確さ

ジコールがけっして正確な答えを出す方法でないことは、口をすっぱくして言っておきたい。とくに 2 つ目の数字が 5 以上なら必ず繰り上げるという規則なので、正確な答えからかなりかけ離れてしまうこともある。

では、どのくらい不正確になることがあるのか？

例として 35.1 ＋ 85.2 を計算してみよう。整数に丸めて計算すると、120 となってほぼ正しい。でもジコールを使うと、40 ＋ 90 ＝ 130 で、これでは 10% 近くも大きい。しかも 130 ≒ 100 なので、今度は約 20% も小さくなってしまう。

掛け算では、さらにかけ離れてしまうことがある。

35 × 65 ＝ 2275

でもジコールを使うと、35 × 65 ≒ 40 × 70 ＝ 2800 で、2800 ≒ 3000 だ。30% 以上も大きい。これではまずいだろうか？それはどのくらいの正確さを求めているかによる。

練習問題

（a）1から100までの2つの数（小数第1位までの数）を掛け合わせるとき、ジコールを使うと一番大きくなりすぎてしまう組み合わせは？

（b）一番小さくなりすぎてしまう組み合わせは？

正解は204ページ。

ジコールを使いこなす

上の練習問題で分かったとおり、運が悪いとジコールの答えが正確な答えの2倍や半分になってしまうこともある。そして計算する数が増えれば増えるほど、正解からの外れ具合はどんどん大きくなってしまう。

そこで、概算の経験が豊富な人ならもっと正確な別の方法を使いたくなるかもしれない。両方の数が切り上げられてしまう場合には、バランスを取るために一方を切り捨てるという方法がよく使われる。たとえば35×65を概算する場合、40×70とするよりも、30×70としたほうが正確だ。もっと正確な概算法を探すのも結構だろう（電卓を使わずに）。

でも、ここでの目的を忘れないでほしい。いま求めたいのは、おおざっぱに正しい答えだ。多くの場合「おおざっぱ」というのは、「桁数が正しい」、つまり「小数点が正しい位置にある」という意味である。そんなときにはジコールで十分だし、しかも計算がかなり単純になって、ちょっと練習すれば素早く暗算できるという大きなメリットもある。

ここでさらに重要なポイントを指摘しておこう。矛盾しているように聞こえるかもしれないけれど……。

ジコールの目的は、すべての計算を単純にして誰でも片付けられるようにすることだ。でも、どんなときにジコールを使うのが適当か、答えをどのように解釈すればいいかは、ある程度の知恵と数に対するかなりの自信がないと分からない。算数が得意であればあるほど、ジコールをうまく使いこなせるのだ。

COLUMN

『クイズ・ミリオネア』(パート1)

2001年9月、'Who Wants to be a Millionaire?'(『クイズ・ミリオネア』)の記念スペシャルの回で、ジョナサン・ロスと妻のジェーンが10問目までこぎつけた。すでに16000ポンドを獲得していたが、ライフラインは使い果たしていた。

32000ポンドを懸けた問題は、次のとおり。「ドラマ『コロネーション・ストリート』は2001年3月11日に通算何回目を迎えたか?」

(a) 1000回目
(b) 5000回目
(c) 10000回目
(d) 15000回目

ここで次のような会話が交わされた。

ジョナサン：1年は50週。放送は週2回。1年で100回。

ジェーン：1年は50週じゃないわよ。

ジョナサン：1年は52週だ。でもおおざっぱにだ。みんなが付いていけるように数を丸めたんだ。1年に約104回。約40年。だから……たくさんだ。(c)10000回目で行こうか？

ジェーン：そんなに多いはずないわ。…… (d)でもありえない。

ジョナサン：(b)か(c)だ。俺も(d)は違うと思う。じゃあ15000ポンドを、……(c)10000回目に賭けよう。

クリス・タラント（司会）：あなたたちは16000ポンド獲得していました。……でもたったいま、15000ポンドを失ってしまいました。

ジョナサン・ロスも最初は、封筒の裏での概算を正しく進めていた。『コロネーション・ストリート』が約40年続いているという直感も正しかった。1年を単純に50週と丸めて、1年間で放送が100回としたのも筋が通っていた。だから100×40＝4000としていれば、2人は正解が(b)5000回目だと見抜けたはずだ。でも52週（1年間で104回）というもっと正確な値にしたことで、わけが分からなくなって、最後の計算ができなくなってしまったのだ。ジコールで大儲けできたはずなのに。

第3章

日々の概算

日常で役立つお金の概算

封筒の裏の数学を使う場面として一番身近なのは、商品の値段を合計するときだろう。予算を決めて買い物をするときには、レジで慌てないよう、かごに入れた商品が合計でいくらになるかを暗算しておくと良い。また、レシートや表計算ソフト[12]で値段の合計を見て、「こんなはずはない」と思ってしまうこともよくあるものだ。どちらの場合にも、素早くおおざっぱに概算するのが役に立つ。

COLUMN

あの店はなぜ潰れないの？

数年前、近所の目抜き通りに調理器具の店が新しくオープンした。そこは一等地で、近年は家賃がべらぼうに上がっていた。あの広さの店なら、年間の家賃が25000ポンドにもなるという噂だった。そこで、この店がどういう経営戦略なのか知りたくなった。

年間の家賃が25000ポンドだとしたら、1週間で25000÷50＝500ポンド、営業日1日あたり約100ポンドだ。だから家賃を払うためだけに、1日100ポンドの利益を上げなければならな

12 表計算ソフトは、間違いが起こりやすい。もっともありふれた間違いが、ある列の合計を取るときにセルの範囲を間違えてしまって、一部のセルが合計から抜け落ちてしまうというものだ。

い。値入率が100%だとしたら、家賃を払うためだけに1日200ポンド（高級シチュー鍋が約7個）の売上が必要だ。

しかもさらに、営業経費や維持費や保険料も必要となる。だから、オーナーが自分自身や店員に給料を支払うには、1日平均400ポンド以上売り上げるしかないだろう。

ところが店の前を通りかかっても、1人も客がいないことが多かった。「どうやって商売を続けているんだろう？」と不思議に思った。

しばらくして疑問は解決した。閉店してしまったのだ。

貯金、借金、パーセント

お金の話ではパーセントがしょっちゅう出てくる。割引セールと消費税については58〜60ページで取り上げたが、借金や貯金のこととなるとパーセントがもっと深く関わってくる。しかも、住宅ローンで利子をいくら払わなければならないか、積立年金でいくらもらえるかといった数値は、買い物の最中に目にする数値よりもずっと大きいだろう。

でも幸いにも、数学は同じだ（3000ポンドの貯金に5%の利息が付いたら、毎年150ポンド儲かる）。厄介なのは、複利の場合である。借金や貯金の期間が1年を超すと、利息にさらに利息が付くようになるからだ。

利率10%（すごい！）の口座に10000ポンドの貯金があったら、1年後には11000ポンドになる。でも、2年目の終わりの残高は12000ポンドではない。なぜなら、10000ポンドでなく

11000ポンドに対して利息が付くからだ。

したがって、2年経つと残高は10000ポンド×1.1×1.1＝12100ポンドに増える。100ポンド多く増えるのだ。たいしたことはないように聞こえるが、預けている期間が長いほど、そして利率が高いほど、この差は大きくなる（逆に複利が課されている借金は驚くほど膨らんでしまう）。

利率が低い場合（たとえば2.5%）、長期間経ったときの残高のおおよその額を封筒の裏で手軽に計算するための法則がある。利率2.5%で4年間預けたら、4年後に付いている利息は4×2.5%＝10%にかなり近いのだ（正確な値は10.38%）。利率が低いほど、この近似値は正確になる。

利率が低い場合のこの法則を使えば、正確な答えが必要でない場面で計算力を自慢できる。掛け算や割り算でなく、足し算と引き算だけを使えばいいのだ。

たとえば1年目の利率が3.3%、2年目が3.1%、3年目が2.7%だったら、3年間での利息の合計は3.3＋3.1＋2.7＝9.1%だと答えればおおよそ正解だ（さらにジコールを使うと、3＋3＋3＝9%ともっと単純になる）。

短い期間なら、これで十分だ。でももっと長期間の場合、もう1つの便利な法則がある。72の法則だ。

COLUMN

お金を2倍に増やすには？——72の法則

複利4%の銀行口座の場合、何年経ったら残高が2倍になるか？

一見複雑そうなこの計算に、驚くほど単純な法則で答えを出すことができる。それは、72の法則と呼ばれている。

どんな増加率であれ（1.2%でも4%でも、10%でも30%でもいい）、問題の量が2倍になるのにかかる時間は、72をその増加率で割れば求められるのだ。

利率が4%の場合、残高は72÷4＝18年で2倍になる。

気づいたかもしれないが、72という数は驚くほど都合が良い。というのも、72は2、3、4、6で割り切れるし、しかもこれらの数は利率としてよく使われるからだ。

厳密に言うと、本当は「69の法則」と呼ばなければならない。この数は、指数的増加（189〜190ページでもっと詳しく説明する）の基礎となる代数から出てくる。でも69を何らかの数で割ろうとすると、わけが分からなくなってしまうだろう。この法則を最初に導いた人は、代わりに72を使えば封筒の裏や暗算で計算できることに気づいた。そうして72の法則となったのだ[13]。

数値が2倍になるのにかかる時間が分かるのは確かに便利だが、

13 72の法則は、大きくなっていくほかの数値、たとえば人口にも使える。世界の人口が年1.2%増えつづけるとしたら、72÷1.2＝60年後には現在の2倍の数の人間が地球上に暮らしていることになる。

別の倍数になるのがいつなのかを知りたい場合もあるかもしれない。貯金が3倍、あるいは10倍になるのはいつか？　実は、どんな倍数に対しても簡単な法則があるのだ。いずれの場合も、正確な値にかなり近くて計算しやすい数を使う。

以下のとおりだ。

倍数	割られる数	例：増加率が4%の場合に何年かかるか
2倍	72	72÷4＝18年
3倍	120	120÷4＝30年
10倍	240	240÷4＝60年

通貨の換算

海外旅行や個人輸入には通貨換算が付きものだが、ポンドとユーロとアメリカドルの換算レートはつねに変化している。21世紀に入ってからだけでも、100ポンドは120ドルから200ドルまでかなり変動している。

多くの通貨換算の場合、きっと1ペンスや1セントまで正確な数値を計算したくなって、ほぼ間違いなく電卓に手を伸ばしてしまうだろう。

でも、たとえば空港にいてアメリカドルが少々必要になったとしよう。換算レートは1ポンド＝1.40アメリカドル、通貨両替所で「1000ドル欲しい」と頼んだら、793.40ポンドを請求された。これでいいのだろうか？　793.40ポンドは約800ポンド、暗算すると1000÷800＝1.25で、1.40ドルというレートとかけ離れている。だから、手数料がすごく高いか、または窓口係が打ち間違えたかのどちらかだ。それでもここで両替したいだろうか？

イギリス人にとっては幸いなことに、ポンドは世界のほとんどの通貨よりも高く[14]、1ポンドで1ドル以上買える。ユーロやスイスフランに対しても同様だし、元（げん）やルピーはさらにたくさん買える。だからポンドを別の通貨に換算するときは、1から2のあいだの数を掛けることが多い。

暗算でおおざっぱに通貨換算するための自分なりの簡便法を持っている人もいるだろうし、換算レートによっては計算しやすいレートに丸める人もいるかもしれない。たとえば、以下のようにする。

換算レート	近い値	簡単な換算法
1.09	1.1	10% を足す
1.35	1.33	3分の1を足す
1.52	1.5	2分の1を足す
1.72	1.75	4分の3を足す
1.81	1.8	2倍してから10% を引く
2.1	2	単に2倍する

14 あくまでも、かつてポンドの水準を設定したときにそう決められたからでしかなく、各国の相対的な裕福度を反映しているわけではない。

たとえば、ポンドをアメリカドルに換算するときにはこれで結構だ。でもその逆の換算の場合は、1より小さい数を掛けるか、または割り算をするしかなく、暗算でやるのはたいてい難しいものだ。計算が得意な人ならたとえば1.4で割るのも苦ではないだろうが、そうでない人でも封筒の裏での計算を使えば、2で割って約50%を足すことで答えを出せる。これで十分だろう。

大きさを概算する

距離の概算

距離を概算する方法として一番分かりやすいのは、**知りたい距離をすでに分かっている距離と比較する**というものだ。

シドニーからメルボルンまでの距離が500マイル（約800キロメートル）と分かっていたら、シドニーからキャンベラ（歴史的・政治的理由で2つの都市のほぼ中間に設置しなければならなかった）までの距離は約250マイル（約400キロメートル）となる。シドニーからメルボルンまでの距離が分からなくても、何か別の情報、たとえば飛行機で約1時間かかることを使って概算できるかもしれない。

たいていの飛行機は時速約500マイル（約800キロメートル）で飛行するので、1時間で約500マイル（約800キロメートル）進む。この場合もちろん、「約」が付く数値がたくさん関わってくる。

当然、もっと短い距離にも同じやり方が使える。自分の身長がたとえば150センチメートルと分かっていれば、自分の肩の上に立って天井に届くかどうかをイメージすることで、天井の高さを概算できる。

以上の方法はどれもかなり日常的に使っていて、馴染み深い。でも、距離や高さを概算するためのもっと風変わりな方法が3つある（僕は面白いと思うのだが）。

1. 石を落とす方法

子供の頃、よくイングランド西部のチェシャー州にあるビーストン城に旅行に行った。そこにある井戸が好きで、小石を投げ込んでは、底に当たる音が聞こえるまでの秒数を数えたものだ（それから何十年ものあいだに大勢の子供が同じことをしてきたので、いまでは当時より浅くなっているかもしれない）。

井戸の深さを概算するには、ニュートンの数学を少々使う。重力で落下する物体が落ちる距離は、次の式で求められる。

$$距離 = \frac{1}{2}at^2$$

a は重力加速度（1秒あたり約10メートル）で、これに時間（t）の2乗を掛ける。小石が落ちるのに3秒かかったら、井戸の深さはおおざっぱに次のようになる。

$$\frac{1}{2} \times 10 \times 3^2 = 45メートル$$

ここでは無視している事柄が2つあって、そのせいで実際に測定される時間はもっと長くなる。1つ目は、空気抵抗のせいでやがて小石が加速しなくなって、底に当たるまでの時間が真空中よりも長くなること。2つ目は、小石が底に当たってからその音が耳に届くまでに時間がかかること。でもどちらの効果もかなり小さいので、秒数を2乗して5を掛ければかなり良い概算値になる。

2. 指を使う方法

海岸に立って水平線上のヨットを見ているとしよう。そのヨットはどのくらい遠くにあるのだろうか？

それを知る方法を、1つ紹介しよう。腕を前に伸ばして片目をつぶり、指を1本立ててヨットが隠れるようにする。

ここで、開いていた目を閉じて、閉じていた目を開く。指が横にずれて、ヨットから外れたように見えるはずだ（この現象を「視差」という）。

すると、ヨットまでの距離はおおざっぱに次のようになる。

10×ヨットがずれた距離

そこで、ヨットが横にずれた距離がヨット何艘分かを見極める必要がある。全長の約15倍ずれたと見立てたのであれば、ヨットまでの距離はおおよそ次のようになる。

10×15艘分＝150艘分

もちろん、もう1つ見極めなければならないことがある。ヨットの全長である。そのヨットが5メートルか10メートルか20メートルかを判断するには、ヨットに関する基本的な知識が必要だ。10メートルと判断したら、ヨットまでの距離はおよそ10×150＝1500メートルと概算される。

先ほど言ったように、確かに風変わりな方法だ。でも君もきっと、窓から見える鉄塔で試したくなったに違いない。

3. スナックの袋を使う方法

公園に生えているすごく立派なポプラの木の高さを知りたくなったとしよう。スナック菓子の空き袋を使えば、かなりよく概算できるのだ。

袋の上の端が横の端と重なるように折りたたんで、対角線に折り目を付ける。その角度は45度になる。

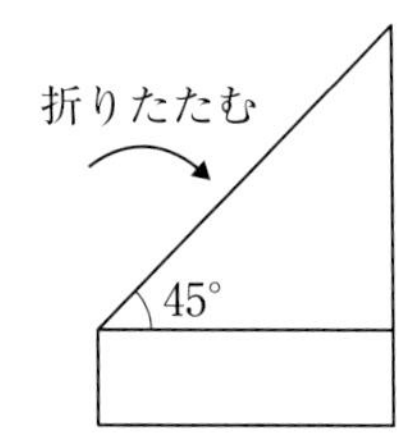

その袋を目のそばに持ってきて、下の端を水平に保ったまま、ちょうど望遠鏡を覗き込むようにして対角線に視線を合わせる。

そのまま木に向かって歩いていって、袋の対角線と木のてっぺんが一致するようにする。

そこから1歩約1メートルの大股で歩いていって、木の根元までの歩数を数える。

すると、木の高さはおおよそ次のようになる。

歩数＋身長

どうしてこれで分かるのか？　袋の対角線と木のてっぺんを一致させると、直角二等辺三角形ができる。つまり、木までの距離と、木の高さ（目の高さよりも上の部分）が等しくなるのだ。

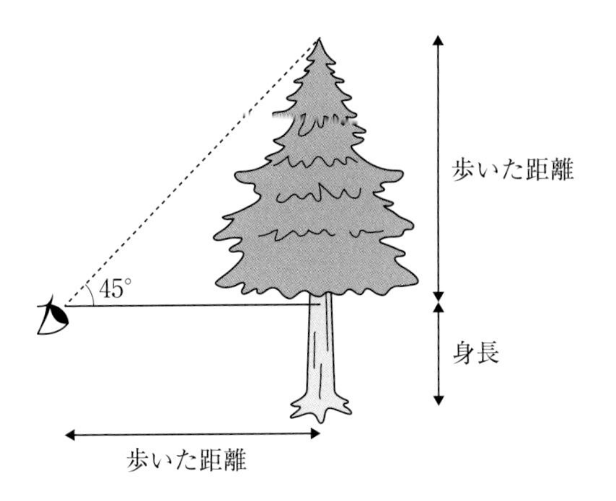

円と π

円に関係する公式で、子供の頃に教わるものが2つある。

半径 R の円の場合、円周と面積は以下のようになる。

$$\text{円周} = 2\pi R$$
$$\text{面積} = \pi R^2$$

では π の値は？　それは誰に聞くかで違ってくる。

数学者なら、π は円の円周と直径との比で、3.14159……から始まって永遠に続く超越数であると答えるだろう。

あるジョークによると、技術者は「π は約3だけれど、安全を期して10にしておこう」と言うそうだ。

どちらの立場に共感するにしても、現実世界のほとんどの問題では、$\pi \fallingdotseq 3$であると分かっていれば十分だ[15]。

でも、そもそもどんなときにπを使う必要があるというのだろうか？

2004年のアテネ・オリンピックで、イギリスのケリー・ホームズが800メートル走で金メダルに輝いた。その5日後には1500メートル決勝に進み、イギリス人選手として初めて両方の種目で金メダルを獲得することを目指した。

ホームズは戦術に長けていて、途中でほかの選手に後れを取っても自分なりのペースで走れるよう練習を重ねていた。最後の1周に入ったとき、ホームズは8番手だった。ここから先頭に上がっていかなければならない。でも追い抜くには、第2レーンに入って前の選手の外側を走るしかない。直線部分では違いはないが、トラックの両端は半円形なので、ほかの選手よりも長い円周上を走らなければならない。つまり金メダルを取るには、1500メートルよりも長く走るしかないのだ。

では、どのくらい長くなるのか？

一見したところ、これではぜんぜん情報が足りないように思える。オリンピックの陸上トラック1周の距離は？　カーブの半径は？　レーンの幅は？

実は、このうち必要なのは1つだけなのだ。

トラックの模式図を見てほしい。直線部分の長さをL、一番内側のレーンの半円部の半径をRとしよう。円周は$2\pi R$なので、

15　πの近似値としてよく使われる22÷7はかなり正確である（正しい値から0.04%しか外れていない）。

トラック1周の長さは、直線部分の長さの2倍足す円周、つまり $2L+2\pi R$ となる。でもホームズは、半径がレーン1つ分大きい円の上を走らなければならなかった。

陸上トラックのレーンの幅は？　思い浮かべてみてほしい。30センチメートルくらいだろうか？　いやいや、もっとずっと広い。2メートル（選手が横に寝転がった幅）くらいか？　いいや、もっと狭い。きっと1メートルくらいだろう[16]。そこで、ホームズの走る円の半径を $R+1$ としよう。

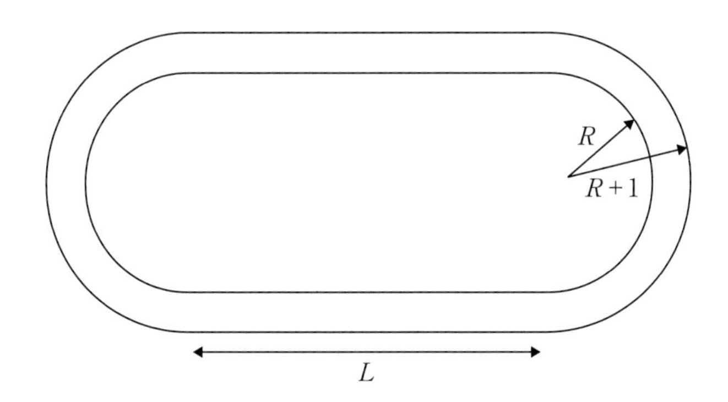

これで、ホームズの1周の距離を次のように計算できる。

$$2\pi(R+1)+2L$$
$$=2\pi R+2\pi+2L$$

16 レーンの実際の幅は1.22メートル。スポーツで使われるほとんどの長さと同じく、もともとはヤード－ポンド法できりの良い数だった。1.22メートル＝4フィート。

ここから内側のレーンの1周の距離を引くと、ホームズが余分に走る距離は次のようになる。

$$2\pi R + 2\pi + 2L - 2\pi R + 2L$$

$2\pi R$ と $2L$ が打ち消し合って 2π だけが残る。2×3.14 だが、6メートルとしよう（そもそも全部近似だ）。

6メートル、かなりの距離だ。金メダルを取れるか、あるいは入賞を逃すかくらいの差がある。

面白いことに、ホームズはこのことも戦術に組み込んでいたに違いない。走る距離が長くなることを承知の上で、自分のペースで走るほうを優先したのだ。この戦術は功を奏した。2メートルの差をつけて勝ったのだ。

そうして、ケリー・ホームズは「デイム」の称号を得た。

面積と平方根

とくに面積についての話には、「平方……」という単位の数値がよく出てくる。「このアパートの広さは120平方メートルだ」とか、「山火事が100平方キロメートルにまで広がった」といった表現だ。

面積をイメージするのは難しいもので、長さで考えたほうが簡単そうに思える。100平方キロメートルは1辺10キロメートルの正方形と同じ面積。辺の長さを求めるには、面積の平方根を計算する必要がある。

実際の例を1つ。2013〜14年の冬、イングランド南西部で観測史上一、二の降水量を記録した。その結果、サマセット・レヴェルズと呼ばれる低地が洪水に見舞われ、何週間にもわたって水浸しになった。ピーク時の2014年1月には69平方キロメートルが浸水したという。

浸水地域を正方形としたらどのくらいの広さになるか、イメージしてみよう。

正方形の面積を69 km^{2}とすると、その1辺の長さは次のようになる。

$$\sqrt{69}$$

これは8と9のあいだの数である（8に近い）。だから浸水地域の面積は、8 km×8 kmの正方形とおおよそ等しい。これでイメージできたはずだ。

このサマセットの洪水被害の話から分かるとおり、平方根の計算ができると何かと便利だ。正確に計算するのは面倒だが、概算するためのうまい方法がある。

たとえば170423の平方根を求めたいとしよう。

まず次のように、右端（1の位）から左に向かって数字を2つずつペアにしていく。

$$17\quad 04\quad 23$$

そして一番左の数字のペア17を見て、この数の平方根を概算する。16の平方根が4なので、17の平方根は4とあと少しだ。

ジコールを使うのであれば単純に4とすればいいが、もう少し正確にしたいなら4.1とすればいい。

次に、ほかに数字のペアがいくつあるかを数え、最初に求めた数の平方根に、ペアの個数と同じ回数だけ10を掛ける。いまの例ではほかにペアが2つあるので、4.1×10×10となる。したがって170423の平方根は約410だ。

別の例を。4138947の平方根は？

右端から数字をペアにしていく。

$$4 \quad 13 \quad 89 \quad 47$$

（今度は先頭の「ペア」が4という数字1つだけであることに注意）

したがって、この数の平方根はおおざっぱに次のようになる。

$$2 \times 10 \times 10 \times 10 = 2000$$

練習問題

以下の数の平方根を暗算で概算せよ。正確な値から5%以内であれば得点をあげよう。1%以内だったら背中を叩いて褒めてあげよう。

（a）26

（b）6872

（c）473.86（ヒント：小数点以下の数字は無視すること）

（d）あるアパートの資料に「910 平方フィート」（約 85 平方メートル）と書いてある。正方形のワンルームだとしたら、どのくらいの広さだろうか？

（e）ウィキペディアによると、カスピ海の広さは 371000 km^2。もし正方形だったとすると、フランスの国境線の中に収まるだろうか？

正解は 204〜205 ページ。

COLUMN

『クイズ・ミリオネア』（パート 2）

2008 年、'Who Wants to be a Millionaire?'（『クイズ・ミリオネア』）でカップルが出場する回があった[17]。あるカップル（スミス夫妻としておこう）が 64000 ポンドまで獲得した。

125000 ポンドが懸かった問題はこうだった。「次のうち面積が 470 万平方マイル（約 1200 万平方キロメートル）の海は？」

（a）北極海

（b）大西洋

（c）インド洋

17 この回の詳細はアーカイブに残っていないようだったので、仲間を集めてできる限り記憶を掘り起こした。

（d）太平洋

スミス夫妻は正解が分からなかったので、最後に残っているライフライン、「オーディエンス」を使うことにした。

すると観客の約半数が太平洋と答えたが、夫妻は1つの選択肢にもっとたくさん（80％以上）票が集まることを期待していたので、安全策を取ってここでゲームを降りた。

なぜ僕がこの話を覚えていたかというと、サセックス大学講師で封筒の裏での計算とジコール計算の達人である友人のジョン・ヘイグが、放送の翌日、以前にも同じ問題を見かけたことがあって、そのときに頭の中で答えを導いたと話してきたからだ。

そのときヘイグは取っかかりとして、一番馴染み深い大西洋の広さを概算した。どれが正解か、君は分かるだろうか？（190ページを見よ）。

概算と統計

平均と不確かさ

日常会話で「平均」という言葉は、「典型的」とか「真ん中の人」という意味で使われる。多くの場面では漠然とした使い方でかまわないが、一般的に使われている平均（アベレージ）には実は3種類あることを覚えておいたほうが良い（数学では平均（アベレージ）のことを「代表値」という）。

中でも一番よく使われる代表値が、平均値（ミーン）である。平均値を求めるには、すべての測定値を足し合わせて、測定したものの個数で割る。成人の平均身長、クリケットの打率、平均収入などを表す際には、この平均値が使われる。

2つ目の代表値である中央値（メディアン）は、すべてのデータを小さいほうから大きいほうへ順番に並べたときに真ん中に来る値のことである。

3つ目の代表値である最頻値（モード）は、もっとも頻繁に現れるデータ値のことである。

前に言ったとおり、たいていの統計値には不確かさがあるので、示された統計値は真の値よりも大きいかもしれないし、小さいかもしれない。

この「誤差」の原因には、次の2つがある。その統計値を測定するのに使った方法が信頼できない（たとえば、はかりの針が毎回違うところを指す）か、または測定する対象（たとえば典型的な人の身長）にばらつきがあるかだ。
　いずれにしても「真の値」は、取りうる値の散らばった範囲内のどこかに位置しているだろう。多くの場合、その散らばり方（正式には分布という）は次のような形をしている。

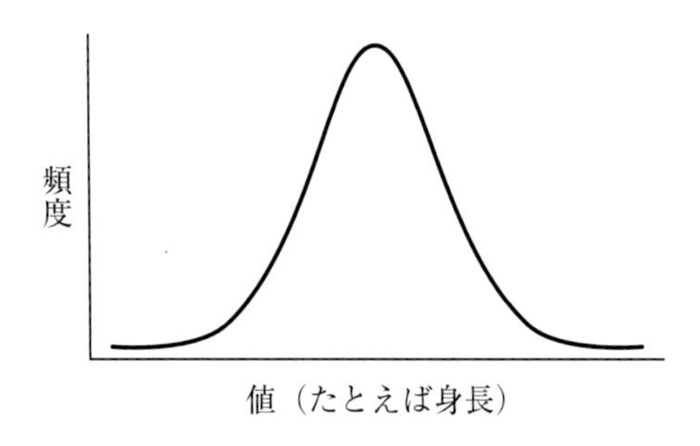

　この形は正規（ノーマル）分布と呼ばれている（単に異常（アブノーマル）でないという理由から）。鐘形曲線（ベルカーブ）と呼ばれることも多い（鐘のような形をしていることから）。中央の高い部分はもっとも頻繁に現れる値を表し、左右の低い部分は稀にしか現れない極端な値を表す。クラスの子供の身長や、スイセンが咲くまでの日数など、日常の多くの現象がこのパターンに従う。この分布は左右対称なので、平均値はちょうど中央に来る。
　このような分布では、測定値が平均値よりも大きくなる頻度と、小さくなる頻度とが互いに等しいので、一番高い点を代表値としても問題はない。
　でも、あらゆる統計値がこのパターンに従うわけではない。たとえば、ロックコンサートでトイレの個室を1人あたり何分使ったかを記録すると[18]、その分布は次の図のようになる。

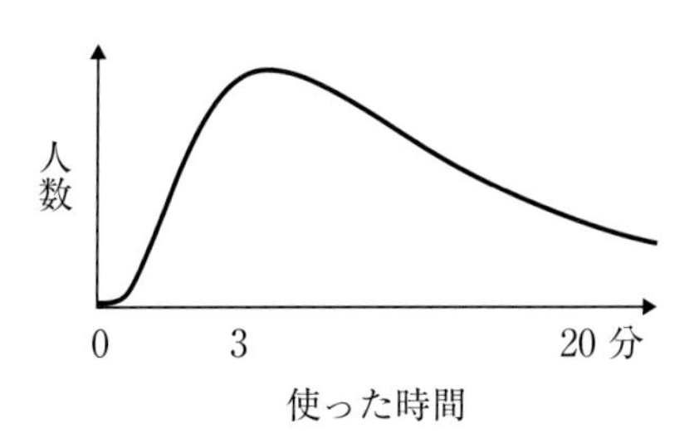

ほとんどの人は3〜4分しか個室に入っていないが、10分以上入っている人も何人かいるし、1人か2人は20分を超える。この分布は「対数正規分布」と呼ばれる。このグラフを見ると、典型的な使用時間は2〜3分だが、極端に長い人が何人かいるために、「平均値」(使用時間の合計÷人数)はもっと長くなる。

成人の収入も偏った分布をしている。多くの人は20000〜30000ポンドの範囲に集まっているが、グラフは右側に長く裾を伸ばしていて、そこには収入何百万ポンドもの数少ない人が含まれている。そのため、収入の中央値は25000ポンド前後だが、平均値はピークよりも右側に来る。そして、平均値未満の収入の人が大多数を占める。そのため、どの代表値を選ぶかはきわめて政治的な問題だ。

18 群衆のさばき方を研究している友人のエイーフェ・ハントが調べた。

かなり一般的に見られる分布が、ほかに2種類ある。ツイッターのツイートをランダムに選び出すと、それぞれのツイートの「いいね」の数は次のような分布になる。

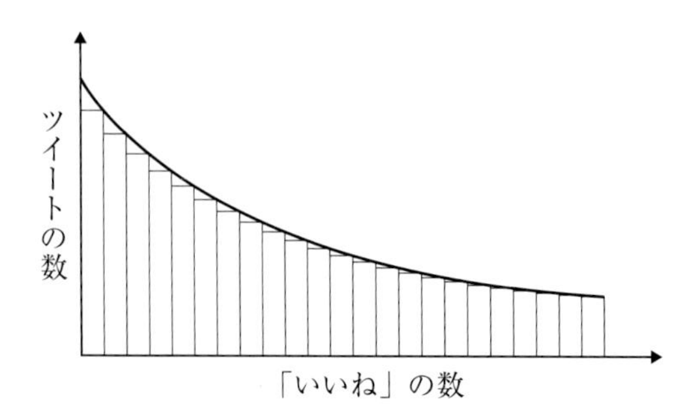

「いいね」の数でもっとも多いのは0で、次が1、2と続き、徐々に減っていく。この分布は、指数分布と呼ばれる。

最後に、先進国を1か国選んで20歳から50歳までの全国民を集計すると、年齢の分布はだいたい次のようになる。

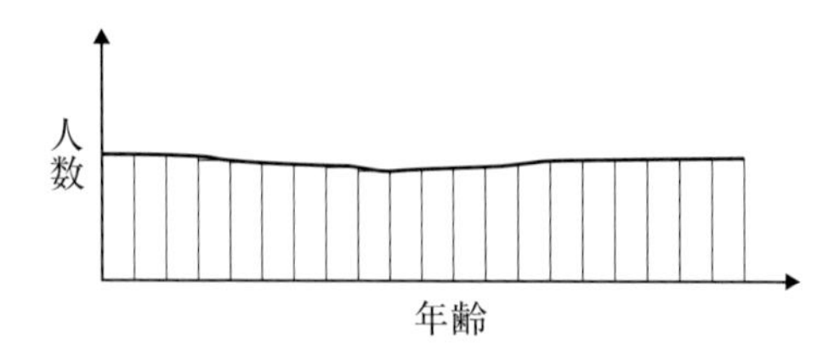

年齢ごとに多少のばらつきがあるし、わずかに右肩上がり、または右肩下がりかもしれないが、おおざっぱに見れば水平だ。この集団の中からランダムに誰かを選ぶと、その人が23歳である

確率と33歳である確率は、だいたい等しい。

これに似たパターンは、たとえば適当な時刻にロンドンの地下鉄の駅にやって来たときに、電車を何分待つことになるかにも当てはまる。電車が2分間隔で来るとしたら、プラットフォームに着いた時刻がその2分間の最初（発車直後）だった確率と、2分間の最後（到着直前）だった確率は互いに等しい。そしてもちろん、その2分間のうちのいつプラットフォームに着いたとしてもおかしくはない。

ある統計値がこれらの分布のうちのどれを取るかが分かれば、概算をするのに役に立つ。

確率をはじき出す

「確率」とは、「ある出来事がどのくらいの割合で起こりそうか」ということを正式な形で表したものだ。確率は、絶対確実（明日も日が昇るといったように100%起こる）から不可能（0%起こる）まで幅があり、このあいだのどんな値にもなりうる。

たとえば、公正なコインを投げて表が出る確率は50%、ふつうのトランプ1組から1枚引いてハートが出る確率は25%だ（4種類のマークのトランプがそれぞれ同じ枚数含まれているから）。

日常の場面で確率を表現するにはパーセントがもっともよく使われるが、同じことを表現する方法がほかにもいくつかある。ハートのトランプを引く確率は、次のようにも表現できる。

- 分数 $\left(\frac{1}{4}\right.$または「4分の1」$\left.\right)$

・小数（0.25）
・オッズ（ハートを引くオッズは3倍。ハートを1回引くごとに、ハート以外のカードを3回引くと予想される）

でも確率の中には、単純に考えただけでは決められないものもある。確率を求める（推定する）ために、別の方法が必要となる場合もある。たとえば、以下のような場合だ。

・車が黄色である確率を推定するには、**サンプル調査**をすればいい。公道でいまからすれ違う100台の車を調べたとしよう。そのうちの1台が黄色だったら、ランダムに選んだ車が黄色である確率は約100分の1だと考えられる。サンプルの数が多ければ多いほど、確率の推定値は正確になる。
・次の7月1日にパリが25℃よりも暖かくなる確率を推定するには、**記録**を当たればいい。過去10年間のうち7月1日の気温が25℃よりも高かった年が7回あった場合、天気予報を考慮に入れなければ、今年も25℃を超える確率は10分の7（70%）と推測するのが理にかなっている。
・ときには、ある出来事が起こる確率を**直感**に基づいて判断するしかない場合もある。「ジョージ・W・ブッシュとビル・クリントン、アメリカ大統領になったときの年齢が高かったのはどっち？」というクイズに答える場合、直感で考えて、「90%でビル・クリントンだと思う」とか「五分五分より少し上でブッシュ」などと値を当てはめる。まったく見当がつかなかったら、2つの選択肢の中から正解を選ぶ確率は正確に50%となる。

計算の根拠として使う確率があいまいであればあるほど、それに基づく概算値は信頼できなくなる。だから、ポーカーでフラッシュができる確率は正確に計算できるが、パブのクイズ大会で優勝する確率はかなりおおざっぱにしか推定できない。

封筒の裏でのサンプル調査

統計値の多くは、サンプル調査によって得られる。

「次の選挙で有権者の7%が緑の党に投票しようと考えている」とか、「65%の子供が家で1日3時間以上ゲームなどの画面にかじりついている」といった報道の場合、これらの数値は全国一斉調査に基づいているのではない。年齢や性別や社会的背景などに関して全国民を「代表」するように慎重に選び出された、たとえば1000人のサンプルに基づいている。

世論調査や市場調査では、サンプルの数が多いおかげで、かなり信頼できる数値が得られる。

でも、サンプル調査はプロの専売特許ではない。君も自分なりに封筒の裏でやることができる。君がたとえばたった10人のサンプルに基づいて調査をしたら、専門家ならイライラして頭をかきむしるかもしれない。でも、たとえサンプルがそんなに少なかったとしても、全体像を感じ取るきっかけにはなる。

何年か前、僕が所属していたある協会の委員会で、会員が減っているのが心配だという意見が出た。するとある委員が、コンサルタントを雇ってアンケート用紙を作成し、数千人いる会員全員の考え方を調べようと提案した。

そこで僕は代案を出した。情報はすぐにでも必要だ。だから、この場にいる10人全員が短いアンケート用紙をそれぞれ何枚かずつ持っていって、1〜2週間後までに、会員資格のある何人かに答えてもらったらいいじゃないか、と。その少数の回答だけでも、何が大きな問題なのかを知る手掛かりになると踏んだのだ。

僕の提案は却下されてしまったが、それでも非公式にサンプル調査をした。すると、回答してもらった5人のうち2人は、時間がなくて会員のメリットを受けられないから入会していないのだと答え、3人は、代わりに無料のソーシャルメディアが使えるから脱会したと答えた。

この数少ないサンプルだけに基づいて、「40%の人が会員のメリットを受ける時間がない」とか「60%の人が別のところから情報を得ている」といった主張を自信を持って示すのは間違いだ。

でも実際のところ、10%の正確さで結果を知る必要はない。この小規模なサンプル調査の結果が90%であろうが30%であろうが、時間不足やソーシャルメディアが新たな脅威になっていて対策が必要だという同じ結論が導かれるだろう（この協会は大規模調査までは手が回らなかったが、ソーシャルメディアの活用などいくつか前向きな変化はあった）。

封筒の裏でのサンプル調査は、何も特別なものではない。誰でもつねにやっている。何人かの友人に、おすすめの配管業者を聞いたり、子供が抜けた歯を枕の下に入れたら代わりにいくら置いておけばいいか尋ねたりする。尋ねた相手がたった3人だったら、結果には大きな誤差が付きまとうだろう。それでも、サンプル調査によって67%の人（実際には3人の友人のうち2人）が「うちでは1ポンド置いておく」と答えてくれたら、貴重な情報が得られて良い決断を下せるだろう。

もちろん正確さが重要であれば、可能な限り、統計的に厳密で全体が代表されるような大規模な調査をすべきだ。でもそのための時間もお金もない場合には、封筒の裏でやる、厳密でなくて偏ったサンプル調査にも目を向けること。ただし、結果の数値を重視しすぎてはならないことは覚えておいてほしい。

COLUMN

いつまで並ぶ？

10月の短い休み、僕はテーマパークのレゴランドにいる。何度目だろうか。子供たちがどうしてもパイレート・フォールズに乗りたいとせがんでくる。「1時間待ち」という看板を見て気がめいる。1時間かけて列をゆっくりと進んでから、たった5分間ボートに乗って、最後にはずぶ濡れになるのだ。

幸いにもボートに乗り込む人の様子がよく見えるので、1時間待ちというレゴランドの予測が正しいかどうか確かめられる。本当にそんなにかかるのなら、列を外れて別のアトラクションに乗ろう。

そこで、サンプル調査をすることにした。出発するボートを観察して、5分間で何人が乗っていくかを数えるのだ。中には4人乗っているボートもある（いってらっしゃい！　列がぐっと短くなるぞ）。誰も乗っていないボートも2艘ある（おいおい！　もったいないだろう）。

5分間で36人になったので、平均処理人数は1分あたり約7人。列の長さを見積もると、約150人だ。

1分あたり7人で150人。150÷7、約20分だ。1時間待ちというレゴランドの予測は、明らかに大きく間違っている。きっと20分としたほうが合っているだろう。俄然元気が出てきたが、1つ考えに入れていない要素があった。

プレミアムチケットを持っている客は、別の入口から入ってそのまま列の先頭に並ぶことができる。Qボットというシステムだ。このせいで列の進み方が約25%遅くなることが分かったので、待ち時間は25分に近くなる。

それでも、封筒の裏で考えることで、待ち時間の看板を信用する人よりも多くの情報が得られたし、何分間か暇つぶしにもなった。満足した。

でも、それもライドが終わるまでのことだった。結局、濡れネズミのような格好でボートから降りる羽目になったのだから。

2つ以上の出来事がすべて起こる確率

互いに「独立した」2つ以上の出来事がすべて起こる確率は、それぞれの確率を掛け合わせることではじき出せる。

2つ以上の出来事がすべて起こる確率を計算する際には、分数を使うと都合が良い。学校で習った分数の足し算と掛け算が、ここで本領を発揮する。たとえば、2個のサイコロを振ってどちらも6が出る確率は、次のように計算される。

$$\frac{1}{6} \times \frac{1}{6} = \frac{1}{36}$$

16.7% × 16.7% を計算するよりもずっと簡単だ。

2つの出来事が互いに独立であるとは、一方の出来事がもう一方の出来事にいっさい影響を与えないという意味である。

「サイコロを振ること」と「コインを投げること」は互いに独立だが、「ウェールズに住んでいること」と「名字がジョーンズであること」は互いに独立ではない。

イギリスでは20人に1人がウェールズに住んでいて、約100人に1人がジョーンズ姓だが、宝くじの次の当籤者(とうせんしゃ)がウェールズ人でしかもジョーンズ姓である確率は、$\frac{1}{20} \times \frac{1}{100} \left(= \frac{1}{2000}\right)$ではない。ウェールズ人のうちジョーンズ姓の人は約17人に1人なので[19]、宝くじの当籤者がジョーンズという名字のウェールズ人である確率は、おおよそ次のようになる。

$$\frac{1}{20} \times \frac{1}{17} = \frac{1}{340}$$

2つの出来事が互いに独立しているかどうかは常識や経験で判断することになるが、封筒の裏での計算ではとりあえず、明らかなつながりのない出来事は互いに独立しているとして扱ってもかまわない。

---

19 学術誌 'Significance' によると、2008年の時点でウェールズ人の5.7%がジョーンズ姓だった。

たとえば、家を出るのが少し遅くなって、電車に間に合わせるには駅行きのバスに乗らなければならないとしよう。

その駅を出る電車のうち約5分の4（80%）は定刻通りに出発する。また、バスが5分以上遅れる（そして電車の定刻に間に合わない）確率を、直感で約2分の1（50%）と判断したとする。

バスが遅れることと電車が遅れることは、完全に独立ではない。たとえば、天気が悪ければバスと電車の両方が影響を受ける。でも、その関係性はさほど重要ではないだろう。だから、5分以上バスが遅れてしかも電車が定刻通りに出発してしまう確率は、およそ$\frac{4}{5}\times\frac{1}{2}=\frac{2}{5}$、つまり40%となる。

傾向を見極める

現代生活のかなりの部分は、統計値に支えられている。ニュースにも頻繁に出てくるし、意見を決めたり判断をしたり、何よりも決断したりするのに使う。データを調べ尽くして重要なパターンや関係性を見つけ出すのは、統計学者の仕事だ。広告主や政党などの組織が大衆を掌握して影響力を行使するために、「ビッグデータ」を使って僕たちの行動を恐ろしいほど詳細に把握するこのご時世、優秀な統計学者が莫大な報酬を稼げるのも当然だ。

統計学に使われる数学には、かなり高度なものもある。一連のデータ（たとえば下のグラフの各点）があって、そのデータにもっともうまく当てはまる（「ベストフィット」する）直線を知りたい場合、そのための高度な数学的手法がいくつかある[20]。でも多くの場合は、目の子で十分だ。この図の各点を貫く直線は、僕が自分なりの判断と直感で引いたものだ。それを見ると、わずかに上向きの傾向があることが分かる。君が引くと違う直線になるかもしれないが、さほど大きく違うことはないだろう。

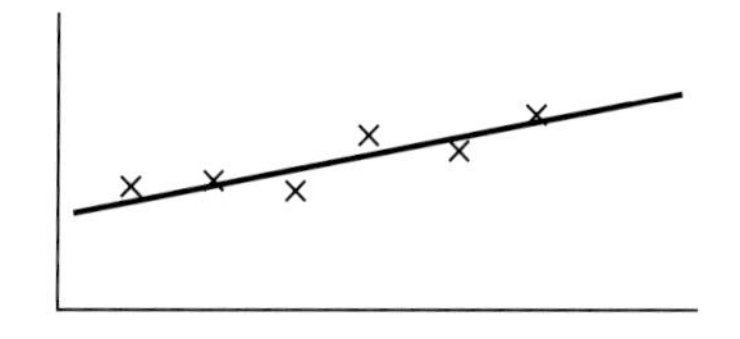

20 そのうちの一つは「最小二乗回帰」と呼ばれる。

近い未来の出来事を予測したい場合には、とりあえず過去のデータに当てはめた直線を延ばしてみると良い。例として下のグラフは、食料雑貨品の購入額のうちネット通販の占める割合を、2013年から2017年まで示したものだ[21]。そこで、2018年にはどうなるか推定してみよう。

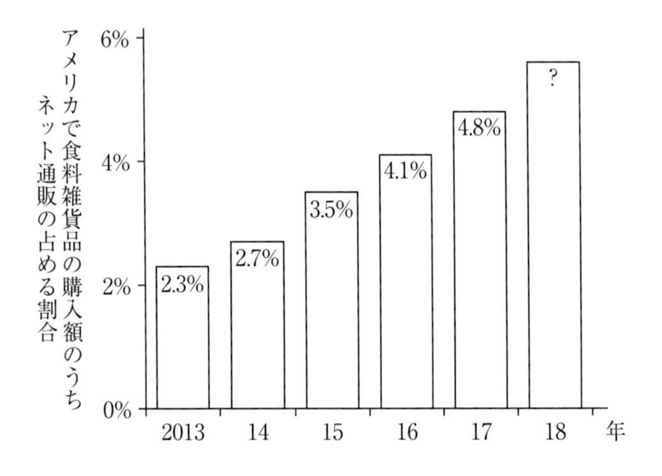

ネット市場が年々成長していることは間違いないが、毎年同じ割合で成長しているわけではない。年成長は2014年にはわずか0.4ポイントだったが、その後の3年間は0.6〜0.8ポイントの範囲に入っている。そこで、2017年から2018年には0.7ポイント成長すると推測するのが理にかなっていそうだ。

もちろん1ポイントまで高くなるかもしれないし、0.3ポイントまで低くなるかもしれない。あるいは激変するかもしれない。

---

21 出典：Global/Data analysis

断言しようがないが、一方向に着実に変化している統計値は、ちょうど石油タンカーのように、よほどのことがない限り、別の方向へ舵を切ることはない。

だから、2018年におけるネット通販の割合を（約）5.5%とすれば比較的確実な予測になり、偶然にもその年の実際の値も5.5%だった。だが、これはたまたま運が良かった例で、情報に基づいて推測してもこれほど正確になるとは限らない。

遠い未来の予測になればなるほど、過去のデータの傾向をそのまま延長するのは危険だ。しかも注意してほしい。アメリカでの食料雑貨品の購買習慣から見ると、消費行動のパターンが変化していることは明らかだが、この「上昇傾向」が完全にランダムに起こっている可能性もゼロではないのだ。

コインを10回投げるのを1セットとして、それを何セットも繰り返したところ、最初のセットでは表が4回、2セット目では5回、3セット目では6回出たとしよう。上昇傾向があるように見えるかもしれないが、統計学によると、次のセットでは表が5回出る可能性がもっとも高いのだ。

最後に、たとえ長期的な傾向があったとしても、短期的にはそれと逆の方向にデータが変化することは十分にありうる。

気候変動否定派の中には、2001年から2013年までの期間だけを抜き出して、地球温暖化は止まったと「証明」したがる人がいる。その期間内では世界の平均気温は上下していて、はっきりした傾向は見られない。だがズームアウトして100年にわたるデータを見ると、有無を言わさぬ形で上昇傾向がある。

もちろんそれだけでは証明にはならない。でもほとんどの科学者は、短期的な変動でなく長期的な統計値に注目するものだ。

COLUMN

プレミアリーグでのゴール 不確かさの中の確かさ

予言しよう。次のシーズン、サッカー・プレミアリーグでは1000ゴール上げられるだろう。

もう少し多いかもしれないが、この値はきっと5%以内の誤差で正しく、封筒の裏の基準で言ったら驚くほど正確だ。

なぜこんなにも都合良くきりの良い値になるのだろうか？ それはほぼ偶然だが、過去のデータから自信を持って言える。1995-96年（20チームに増えた）以降のすべてのシーズンを見ると、ゴール数が一番多かったのは2011-12年の1066、一番少なかったのは2006-07年の931である。また2009年から2018年までの9シーズンのうち6シーズンで、ゴール数は1052から1066までの範囲に入っている。

プレミアリーグ1シーズンの試合数は380、1試合あたりのゴール数の平均は約2.6。だから何らかの理由でチーム数が増えたり減ったりしても、何回ゴールが決まるかは比較的良く推測できるはずだ。20チームから22チームに増えたら、試合数は462となる。試合数がおおよそ20%増えることになるので、ゴール数は約1200となるだろう。

24チームに増えたら試合数は552、50%近く増えるので、ゴール数はたとえば1450となるかもしれない。下位リーグのザ・チャンピオンシップはたまたま24チーム。そして案の定、1シーズンあたりの平均ゴール数はおおよそ1450だ。

ドラマチックで予測がつかないことが人気のスポーツでも、全体像を見ると驚くほど予測可能だというのは、すごいことに思えるかもしれない。でも統計では珍しいことではないのだ。

第4章

フェルミで計算

フェルミの方法

封筒の裏での計算のカリスマと呼ばれているのが、エンリコ・フェルミ。フェルミは物理学者で、史上初の核反応炉の開発に携わった。もっとも有名なエピソードが、1945年7月、アメリカのニューメキシコ州でおこなわれたいわゆるトリニティ・テストで、初の原子爆弾の爆発に居合わせたことである。

当時の科学者はまだ、どれくらいの規模の爆発になるか確信が持てないでいた。中には、連鎖反応が引き起こされて地球が粉々になるのではないかと恐れる人もいた。

フェルミたちは爆心地からおよそ10キロメートル離れた掩蔽壕の中で身を守っていたという。爆弾が爆発すると、フェルミは爆風が掩蔽壕に到達するのを待った。爆風が来ると立ち上がって紙吹雪を放り投げ、地面に落ちた紙吹雪がどこまで飛ばされたかを歩数で測った。そして、その情報を使って爆発の強さを概算した。

どうやって概算したのか確かなところは分からないが、きっと、風速を見積もった上で、爆心地を中心とする空気の「半球」を押し出すのにどれだけのエネルギーが必要かを計算したのだろう。

フェルミがはじき出した爆発力の概算値は、10キロトンだった。のちにもっと厳密な計算をしたところ、実際の爆発力は18キロトンに近かった。つまり、フェルミの出した答えは2倍近く外れていたのだ。

数学の試験でこんなにかけ離れた答えを出したらきっと点数は付かないだろうが、フェルミはこの封筒の裏の答えが正確だったことで大きな信望を集めた。

大事なのは桁数が合っていたことで、これによって科学者は、新たに手にした兵器の威力をはるかに深く把握できるようになったのだ。

「不正確な」答えでも役に立つ

フェルミのこの計算で注目すべきは、とてもおおざっぱなデータに基づいていたことである。このように、正確に正しい答えからはほど遠くても、おおざっぱに正しい値が得られさえすれば十分なこともある。「不正確な」答えでも役には立つのだ。

このエピソード以降、適切なデータが手に入らない状態でおこなう計算のことを「フェルミ問題」と呼ぶようになった。ふつうは、計算すること自体が目的である頭の体操として解かれることが多い。

また、フェルミ問題は面接でよく出されるので、答えを出すスキルを磨いておくと実際的なメリットもある。僕は大学入試の面接で出された質問をいまでも覚えている。

「エジプトのピラミッドの重さは?」

答えを出す1つの方法としては、次のようなものがあるだろう。

(1) ピラミッドの大きさ、そして体積を見積もる。

(2) 石の密度（kg/m^3）を見積もる。

(3) ピラミッドの体積と石の密度を掛け合わせて、重さを計算する。

僕は思った。そもそもピラミッドの重さを量った人なんて誰もいないのだから、面接官は答えを聞きたいわけではないだろう。思考の過程を見たいのだと。何と答えたかは覚えていないが、合格したのだからそこそこの出来だったのだろう。

多くの会社でも同じだ。グーグルやマイクロソフトなどは、就職希望者が自力でどうやって物事を考えるかを見極めるために、フェルミ問題を解かせることで有名だ。

面接の練習をするにせよ、または余暇に頭の体操をするにせよ、フェルミ問題は優れたトレーニングになる。

この第４章では、想像力を掻き立てるようなフェルミ問題をいくつか考え出した。どの問題でも、僕ならどういうふうに取り組むかを説明する。違う方法を使う人も多いはずだ。めったに同じ答えにならないことは確かだが、運が良ければ少なくともおおざっぱには一致するだろう。

ものを「数える」

フェルミ式の概算に挑戦するための手始めとして、まずはものを数えてみるのがいいだろう。「いくつあるか」というのは数学の問題の中でももっとも基本的なものだが、実は驚くほど高いスキルを必要とすることが多く、ときには激しい論争につながることもあるのだ。

ドナルド・トランプが「俺の就任式には史上最大の群衆が集まった」と発言したのに対して、いくつもの情報筋が、実際には前任者よりもずっと少なかったと指摘した。それを聞いてトランプがどれほど腹を立てたか、忘れた人はきっといないだろう。

細部まで気を遣って正確に数えようとしても外してしまう例は、すでにいくつか見てきた（たとえば選挙での票の数え上げ、20ページ）。でも幸いにも、ある程度の概算値で十分であるような場面も多い。いくつか例を紹介しよう。

お気に入りの本の単語数は？

出版社は、やたら単語を数えたがる。単語数を基準に原稿料を支払うこともあるくらいだ。そこでこういう問題を考えてみよう。ある原稿、または本棚から取り出した本には、いくつ単語があるだろうか？

もちろんほとんどの文書作成ソフトには、クリックするだけでこの問題に正確に答えてくれるボタンが用意されている。でもそれは電子版にしか使えない。紙の本の場合には、苦労して１単語ずつ数えていくか、またはもっと現実的な方法として、概算をするしかない。

単語を数えるには、サンプルを取ってそこから本全体を概算するという手法が向いている。ほとんどの本では単語の長さと文字の詰まり具合はかなり一貫しているので、最初から最後まで文章が書かれているページを本の真ん中あたりからランダムに選べば、それがすべてのページの代表例になるだろう。

たとえばジェーン・オースティンの小説『高慢と偏見』の単語数は？

とことん無頓着な方法としては、**どれか１つの行の単語数を数えて、それをもとに全体を概算すればいい。**

１行に12単語、１ページに38行、全体で345ページなので、ジコールを使うと次のようになる。

$$10 \times 40 \times 300 = 120000 \approx 100000\text{語}$$

でも、もっと大きいサンプルを取ってもっと正確な概算をしても、たいして手間は増えない。３つの行の単語数を数えて平均を取るだけでも、概算値はかなり良くなるだろう。

３つの行の単語数が34であれば、１行あたりの平均は約11語となる。また、インデントや、ページの真ん中あたりで改行されている箇所、あるいは40といくつかある章の章末がページの途中に来ていることを考え合わせると、完全な行が１ページあたり約36あって、ページ数は約320と言えばいいかもしれない。

それでもおおざっぱな答えは変わらない。11×36×320 ≈ 10×40×300＝120000 ≈ 100000。でも、1ページあたりの単語数とページ数をさっきよりも精確に概算したことで、もっと精確な概算値を示せるようになった。11×36～400で、400×320＝128000だ。

たぶん偶然だが、驚くことに、実はこの概算値は正式な単語数である122000にかなり近い。

君がいま読んでいるこの本の単語数をはじき出すのはもう少し厄介だ。表や数値、図や囲み記事などのせいでもっと複雑になっているからだ。それでも、妥当な形で概算して数値をはじき出すことはできる。

大人の髪の毛の本数は？

髪の毛の本数は、もちろん人によってかなり違う。そこで、たとえばふさふさな人の本数をはじき出してみよう。しかも、頭皮を調べずに想像力だけでだ。

人間の頭皮1平方センチメートルをイメージしてみてほしい(できるだろうか?)。

毛穴と毛穴はどのくらい離れているだろうか？　まずは上限と下限を考えてみよう。2ミリメートルも離れていたら髪の毛はまばらで、頭皮が透けて見えてしまうだろう。でも0.5ミリメートルしか離れていなかったら、頭皮はびっしりと覆われて、まるで毛皮のようになってしまうだろう。そこで、理にかなった妥協点として1ミリメートルとしてみよう。

すると、頭皮1平方センチメートルの中に10×10＝100個の毛穴があることになる。

では頭皮の面積は？　自分の頭のまわりに両手を回して、人差し指をおでこのてっぺんに合わせ、親指を首と頭のつなぎ目に合わせてみよう。そうしてできた円の直径は25センチメートルくらいだろうか。

直径25センチメートルの円の面積は$\pi \times$半径^{2}で、半径は12.5センチメートル。でもすべておおざっぱなので、ジコールの出番だ。

$$3.14 \times 12.5^2 ≈ 3 \times 10^2 = 300 \text{ cm}^2$$

頭皮は円ではなくて、どちらかというと半球に近い。半径が同じであれば円よりも半球のほうが面積が広いので、2倍して600 cm^2としよう。

したがってこの概算によれば、典型的な人の頭部に生えている髪の毛の本数は600×100＝60000本となる。

この値にはかなりのばらつきがあるだろう。最大で100000本、最小で30000本かもしれない（おでこの生え際が後退していて髪も薄くなりはじめている人は除く）。

1人の人が最大でも100000本しか髪の毛を生やしていないという情報に基づけば、たとえばイングランド北部の街ハッダースフィールド[22]にはまったく同じ本数の髪の毛を生やしている人が2人以上いると、絶対的に確信を持って言うことができる。

22 人口100000をはるかに超えるどんな街でも同じ。

それを証明するには、まずハッダースフィールドの住民全員が髪の毛の本数が違うと仮定する。髪の毛が一番多い人の本数は約100000本だと分かっている。そこで、それ以外のすべての人はもっと本数が少ないと仮定しよう。また、全員の本数が違うと仮定した。そこで、髪の毛が1本もない人を先頭に立たせて、次に1本の人、2本の人という具合に、全員を1列に並べたとイメージする。

髪の毛の本数がそれぞれ違う100000人の人が並んでいる。では100001人目の人はどうすればいいのか？

あるいはハッダースフィールドの場合、残り50000人以上の住民は？

誰かと本数が一致してしまうのは、避けようがない。だから、ハッダースフィールドでは少なくとも2人の人が同じ本数の髪の毛を生やしているはずで、それどころか、誰かと本数が一致する人が何万人もいることが証明された。

このようなタイプの証明を「鳩の巣原理」といって、髪の毛を数えるのよりもかなり抽象的な問題に答えるのに数学者がよく使っている。

週末には教会よりもサッカーの試合に行く人のほうが多い？

イギリス最大の宗教は、キリスト教とサッカーのどちらだろうか？　教会で礼拝をする人が減っていることを示す新たな統計値が出るたびに、決まって湧いてくる疑問だ。比べるのはなかなか難しい。というのも、教会で礼拝をする人の数を求めるには、何を「教会」に含めるか、何を「礼拝」に含めるかなど、大きな仮定がいくつも必要だからだ。

たとえば結婚式や葬式は含まれるのか？　そして教会では結婚式や葬式が何回挙げられるのか？

結婚式や葬式の参列者だけでも概算してみると面白い。1年間に結婚式はおよそ250000回挙げられる（この概算値がどうやって導かれたかについては、202～203ページを見よ）。また、近年は教会以外でも多くの結婚式が挙げられていることも分かっている。

そこで、教会で挙げられる割合を3分の1としておこう。すると、教会での結婚式は1年間におよそ80000回挙げられることになる。また、教会での結婚式には平均50人が参列するとしよう。すると次のようになる。

年間80000回×1回あたり50人÷52週
≒1週間で80000人が教会での結婚式に
参列する

この値は、本拠地オールド・トラッフォードでのマンチェスター・ユナイテッドの試合を観戦する人数よりそう多くはない。

葬式はもっと多い。イギリスの人口がおおよそ一定で、全年齢にわたって均等に分布していると仮定すると、毎年900000人が死ぬと予想される。でも現在死ぬ人の多くは、人口がいまよりずっと少なかったベビーブーム以前の世代なので、近年の年間死者数は500000人に近いだろう。

その一方で、誰が死んでも葬式は必ず挙げられるし、いまだに教会で葬式を挙げるのがもっとも一般的だ。したがって、教会では1年間に少なくとも250000回、1週あたり5000回の葬式が挙げられていることになる。

参列者数の平均は、よく分からないが50人くらいだろうか？そうだとすると、毎週250000もの人が教会での葬式に参列することになる。

合計すると、結婚式と葬式だけで、1週あたり330000人ほどが教会で礼拝をすることになる。

結婚式と葬式を含めるかどうかにかかわらず、教会で礼拝をする人数に関する公式発表の値は割り引いて受け止めなければならない。

2018年にイングランド国教会は、毎週平均750000人が礼拝に参加していると主張したが、サッカーの試合と違って回転式ゲートもなければ、お金を払って席に着くわけでもないので、人数をはじき出すための根拠がない。

一部の教会では年に1回、「オクトーバーカウント」という一斉調査をおこなう伝統がある。でも事情通によると、その人数には、教会区司祭が会衆をときどき見渡しては、指で何となく数え、20%上乗せしした上で、「今週は40人だった」と報告するようなものも含まれているという。

サッカーの場合には、試合数はもちろん、観客数を数えるのももっとずっと簡単だ[23]。週末にはプレミアリーグが10試合（1

---

23 ただし、17ページで見たように、発表される観客数は実際の人数よりも多い。

試合あたり35000人といったところか)、チャンピオンシップが12試合(15000人?)、リーグ1とリーグ2が24試合(10000人?)おこなわれて、観客数は合計で約750000人となる。もちろんこのほかにも何百試合もおこなわれているが、それらはわざわざ数えなくても、80対20の法則[24]などを当てはめれば、200000人は超えないだろうと判断できる。

したがって、一般的な週末にはイギリス国内でおよそ100万人がサッカーの試合を観戦している。これはイギリス国教会の礼拝に足を運ぶ人数よりも多い。でも、カトリックやメソジスト派、バプテスト派やペンテコステ派などの宗派を含めると、キリスト教の教会で礼拝をする人数はきっとその2倍になるだろう。

だから、教会のほうがサッカーよりも多いのは間違いない。少なくともいまのところは。

ウィンブルドン選手権ではテニスボールが何個使われる?

就職希望者が即座に頭を働かせられるかどうかを見極めるために、面接でひねった問題をぶつけることで有名な会社がいくつかある。このウィンブルドンのテニスボールの問題は、国際的なコンサルタント企業のアクセンチュアが出したものといわれているが、実際に就職面接で使われたのか、あるいはただの都市伝説なのかは定かでない。面接官は本当に、ある程度のテニスの知識が求められるような質問をしようとしたのだろうか? もしかした

24 80対20の法則は正式にはパレートの法則といい、20%の人が80%の資源を所有するという経験則である。かなりおおざっぱではあるが、資産の配分など多くの場面で通用する法則なので、きっとサッカーの試合の観客数にも当てはまるだろう。

らそうかもしれない。いずれにしても、これは面白いフェルミ問題だ。

ここでは問題の対象を、2週間にわたって開かれるウィンブルドン選手権の男女シングルス、男女ダブルス、混合ダブルスの試合に絞ることにしよう。

まずは、全部で何試合おこなわれるのか？

ウィンブルドン選手権は勝ち抜き方式のトーナメントで、本戦が始まったら不戦勝はありえない。そのため、勝ち抜き方式のトーナメントでは必ずそうだが、出場者の人数は2の累乗でなければならない。なぜなら、決勝に2人、準決勝に4人、準々決勝に8人、さらに16人、32人、64人、128人というように、1回戦までさかのぼっていくことになるからだ。

勝ち抜き方式のトーナメントで何試合おこなわれるかをはじき出すための便法がある。各試合で1人ずつ脱落していって、トーナメント終了時には1人だけが勝ち残っているので、試合数はトーナメントの参加人数よりも必ず1小さいはずだ。

ウィンブルドンのシングルスのトーナメントでは1回戦に128人出場するので、試合数は128－1＝127となる。

男女ダブルスでは1回戦に64ペアが出場するので、合計で63試合。混合ダブルスは48ペアで47試合だ。

結果、ウィンブルドン選手権本戦の試合数は、

127＋127＋63＋63＋47 …
400としておこう。

男子の試合は3セットから5セット続き（平均を4セットとしよう）、女子を含む試合は2セットか3セット続く（平均2.5セットとしよう）。これらを組み合わせて、ウィンブルドンの試合は平均で3セットとしておこう。

1セットのゲーム数は、最少で6（6－0の場合）、最多で13（タイブレークまでもつれ込んで7－6になった場合）。平均は9.5ゲームだが、丸めて10ゲームとしておこう。そのほうが簡単だし、最終セットでは6－6からタイブレークに入らないので、平均ゲーム数が多くなるからだ。

したがって、ウィンブルドン選手権での平均的な試合では、次のようになる。

1セットあたり10ゲーム×1試合あたり3セット
＝1試合あたり30ゲーム

アクセンチュアの面接会場でもテニスファンしか知らなかったはずの専門知識の1つが、審判は9ゲームごとに新しいボールを6個1組持ってこさせることだ（「ニューボールズ、プリーズ！」）。つまり、30ゲーム続く試合では6個1組のボールが3組ないし4組必要となる。そこで1試合あたり20個としておこう。試合数は400なので、ボールの数は次のとおりとなる。

1試合あたり20個×400試合＝8000個

かなり大きな数だが、ウィンブルドンが毎年使用していると主張する50000個よりははるかに少ない。どういうことだろう？

まず2週間の試合期間中には、車いすテニスやジュニアや有名人のトーナメントも開かれるので、それによってこの8000個という値は約2倍になるだろう。また、選手がウォーミングアップに使うボールや、観客席に飛び込んで記念品として持ち帰られるボールもあるし、さらには売店にもスペアが何個か用意されているはずだ。

したがって、もし君が就職面接を受けていて、ウィンブルドン選手権にはテニスボールが何個必要かと質問されたら、いまのような推論をして5000個から50000個のあいだの個数を答えれば、評価シートには高い点数を付けてくれるだろう。

ドナルド・トランプの就任式には何人が集まった？

群衆の人数を数える際には、かなりの政治的な思惑がからんでくるものだ。組織的な抗議集会やデモ行進（給与引き上げ、減税、動物の権利拡大など）では、主催者側は参加者の人数をできるだけ大きく発表したがるが、反対される側（多くの場合は政府）にしてみたらできるだけ少ない人数であってほしい。警察は政府側なので、人数を少なく発表しがちだ。そのため、抗議する側とされる側の主張する人数は決まって大きく食い違って、2倍に達することもある。

たとえば、ドナルド・トランプのイギリス初訪問のとき、ロンドンでは大規模な抗議集会が開かれた。主催者側は即座に、250000人が参加したと発表した。『インディペンデント』紙によると、警察は人数を発表しようとしなかったものの、「100000人を上回った」と認めるつもりだったという。

ここで次のような疑問が浮かんでくる。ロンドンでの反トランプ集会に参加した人数は、2017年の就任式でトランプを祝った人数よりも多かったのか？

当然「ノー」と答えるに決まっている人物の一人、ドナルド・トランプは、自分の就任式に集まった人数はこれまでの就任式の中でもっとも多かったと言い張った。でもそれ以外の（ほとんどの）人が見た限り、トランプの就任式の参加人数は前任者バラク・オバマの何分の1かにすぎなかった。

ではどのくらいの人数だったのか？

たとえば演壇で演説中に低い角度から見渡すと、群衆の人数を見積もることはできるものの、信頼性は低い。床が見えないので、会場がぎっしり埋まっていなくても満員のように見えてしまう。トランプがそのような場所から群衆を見渡したことを考えると、大きく見積もりすぎたのもしかたがない……のかもしれない。

プロの計測員は、たとえばドローンでの写真撮影など、真上から群衆を観察する方法をよく使う。そうすれば、群衆がどのくらい密集しているかが分かる。

一般的な計測法としては、群衆の写真を（たとえば）5メートル四方の格子に区切って、各格子での群衆の密度を調べ、すべての格子を「ぎゅうぎゅう詰め」から「ほとんど空」までのいくつかのカテゴリーに分類する。

1平方メートルあたりの人数に基づいて群衆の密度を判断するために、一般的に使われている目安がある。

1平方メートルあたりの人数	屋外の群衆の様子
1	毛布を掛けてピクニックをしている群衆（野外クラシックコンサートなど）
2	ウィンブルドン選手権開催中のパブリックビューイングの会場、ヘンマンヒルの群衆
3	政治集会
4	女王が車で通過している最中の道路の柵沿い
5~6	ワン・ダイレクションのコンサートで最前列に陣取るファン
>6	不快な大混雑。押し合いへし合いしている。

でもトランプの就任式の空中写真は手に入らないので、いまから進める概算はかなり粗っぽいものになってしまう。下の図が、就任式が開かれたナショナルモールの模式図。

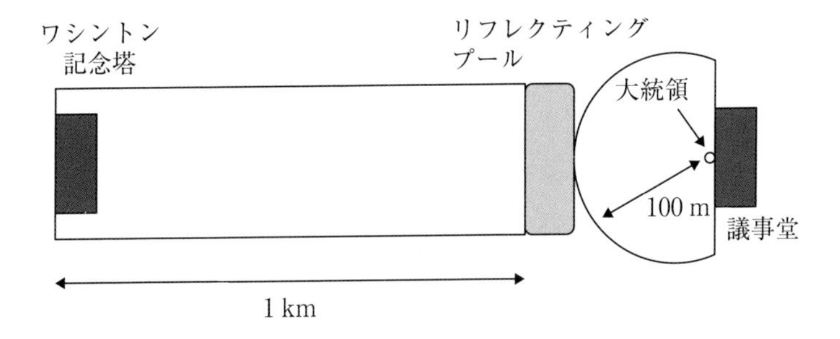

トランプの群衆はけっしてナショナルモールを埋め尽くしてはいなかったので、人々が最大密度でぎゅうぎゅう詰めになる必要はなかったと仮定してかまわない。それでも、議事堂正面の半円形の区画はかなりびっしりで、さらにリフレクティングプールからワシントン記念塔までの長方形の区画にも群衆が散らばっていた。

半円形の区画は半径が約100メートルなので、面積はおおよそ次のようになる。

$$\pi \times 100^2 \div 2 \approx 15000\,m^2$$

この区画はかなりびっしりで、我慢できる程度にはぎゅうぎゅう詰めだっただろうから、密度は1平方メートルあたり3人と仮定しておこう。すると、トランプの目の前にはおよそ50000人の群衆がいたことになる（プレミアリーグのそこそこの試合と同程度）。

リフレクティングプールの先に広がる長方形の区画は、ぎゅうぎゅう詰めではなかった。白い板が敷かれていたため、人のいないエリアを簡単に見分けることができた。この長方形の区画は長さが約1キロメートル（1000メートル）、板が敷かれたエリアの幅は100メートルくらいだろう。すると、長方形の区画の面積はおよそ次のようになる。

$$100 \times 1000 = 100000\,m^2$$

この区画全体のうち（甘く見積もって）50%が見物人で占め

られていて、楽な間隔で人が集まっていたので、1平方メートルあたり2人としよう。長方形の区画に200000人、正面に50000人。ということは、合計で250000人もいたというのだろうか？（面白いことに、ある専門家もこれと同じ概算値を挙げている）

250000というのはロンドンの抗議集会における群衆の人数の上限なので、トランプの就任式のほうが人数が多かったようだが、差はさほど大きくなかったのだろう。

確率はどのくらい?

誰でも偶然の一致が好きだ。人間の脳はパターンを探し出すようにできているので、偶然の一致には本能的に惹かれてしまう。何か驚くような出来事を目にすると、人は理由を欲しがって、何かしら原因があったはずだと決めつける。はっきりした物理的原因(たとえば宝くじの不正)がなければ、超自然的な説明に手を伸ばしてしまう。

説明を探すときには、どうしても次のような疑問が出てくる。

「これが起こる確率はどのくらいか?」

その確率が低ければ低いほど、ますます興奮する。

ではその確率はどうやってはじき出すのか? まさに封筒の裏の出番だ。そこで、いくつかの偶然の一致について詳しく見ていこう。

宝くじが2回当たる確率は?

2009年9月10日、ブルガリアの宝くじ(ロト)のことが大ニュースになった。その4日前、当籤番号が4、15、23、24、35、42と選ばれた。ところがその次の抽籤で、またしてもこれとまったく同じ6個の数字が選ばれたのだ。誰もが「そんなことが起こる確率はどのくらいあるんだ」と疑問を持った(報道によると「約500万分の1」だという[25])。

のちほど掘り下げるいくつかの偶然の一致の場合は、さまざまな大胆な仮定を設けないと確率を概算できない。でも宝くじの場合は違う。宝くじは、結果が完全にランダムになるよう慎重に策が講じられている。条件もはっきりと定められている。選ばれる対象の数字の個数は決まっているし（たいていは40〜60個）、どの数字が選ばれる確率も正確に等しくなっている。

そのため、6個の数字からなるどの組み合わせも、互いに等しい確率で選ばれる。来週、イギリスの宝くじの当籤番号が7、12、14、23、41、58である確率と、1、2、3、4、5、6である確率は互いに等しい。

1、2、3、4、5、6が選ばれたらニュースになるだろうが、それはこの組み合わせがほかのどの組み合わせよりも確率が低いからではなく、ずっと興味深いパターンだからにすぎない。

だから、ブルガリアの宝くじで異常な出来事が起こったという報道は、どこも間違ってはいない。連続して同じ数字の組み合わせが選ばれるのは、実際に「数百万分の1」の出来事で、ここまでは概算の必要はいっさいない。

でも、宝くじにまつわる偶然の一致の中には、封筒の裏で少し考えなければならないものもある。

2018年6月、ある匿名のフランス人が2年前に続いて再び、宝くじで100万ユーロを当てた。報道によると、そのようなことが起こる確率は16兆分の1、略さずに書くと16000000000000

25 ブルガリアの宝くじが何個の数字の中から当籤数字を選ぶ方式になっているのか、記事によって食い違いがある。500万分の1という値は、42個の中から選ぶという仮定に基づいている。別の記事によると、ブルガリアの問題の宝くじでは49個の中から選ぶとされていて、その場合、同じ数字の組み合わせが連続で選ばれる確率は1400万分の1となる。

分の１だという。こんなに大きい数になると感覚がつかめない。何万、何億、何兆、何億兆、全部同じに聞こえる。16兆という数は、地球の全人口の2000倍以上だ。そんな数値、ありえないように思える。あまりに大きくて怪しく聞こえるくらいだ。

「16兆分の1」という値は、いったいどこから出てきたのだろうか？

フランスのマイ・ミリオンズ・ロトで１等の当たりくじを引く確率が、およそ2000万分の１であることは分かっている。コインを投げたら表が出て、しかもサイコロを振ったら６が出るといったように、互いにまったく独立した２つの出来事が両方起こる確率を計算したいときには、単純にそれらの確率を掛け合わせればいい（108～109ページを見よ）。コインの表とサイコロの６の目という組み合わせになる確率は、$\frac{1}{2} \times \frac{1}{6} = \frac{1}{12}$となる。宝くじにもこれと同じ数学が当てはまる。フランスの宝くじをちょうど２回だけ買って２回とも当たる確率は、次のようになる。

$$\frac{1}{2000万} \times \frac{1}{2000万} = \frac{1}{400兆}$$

先ほどの16兆分の１という値よりも、ずっと分が悪い。

でもくだんのフランス人は、２回だけ買って２回とも当てたのではない。18か月越しで２回当てているが、その間にも何回も宝くじを買っていただろう。ほとんどの人と同じように、毎週買っていたかもしれない。そうだとすると、２回当てるチャンスがずっと増えるので、確率はかなり上がるだろう。

その確率を計算するには、初めにいくつか推測しなければならないことがある。

このフランス人は宝くじを毎週買っていたと仮定しよう。すると、18か月で約75回買ったことになる。日にちの組み合わせに注目すると、大当たりを引く可能性のある2つの日にちの組み合わせは、18か月のあいだに3000組近くになる[26]。

そのため、確率はおおよそ、

$$\frac{1}{400兆} \times 3000 \approx \frac{1}{1300億}$$

にまで上がる。

今度は、16兆分の1よりもずっと大きくなってしまった。16兆という数値を導いた学者はきっと、18か月「プラスマイナス数週間」の間隔を開けて2回当たる場合のみに注目したのだろう。

つまり、「誰かが宝くじを当てて、その約1年半後に再び当てる確率は?」ということだ。この「約」のレベルを調節すれば、答えを「16兆分の1」に合わせられるかもしれないが……、それではあまり意味がない。

でも、この確率を数兆分の1という値で示すことには、もう1つ大きな問題点がある。確かにこの値は、あの特定のフランス人があの期間内に宝くじを2回当てる確率に違いない。でも最初に当てるまでは、誰もこの人個人には注目していなかった。誰かが当てるのは100%確実だと分かっているからだ。すでに1回

---

26 N個の日にちの中から互いに異なる日にちのペアを選び出すと、そのペアの個数は$\frac{1}{2} \times N \times (N-1)$となる。いまの場合は$N=75$なので、ペアの総数は2775となる。

当てていない限り、その人が再び当てるかどうかなんて誰も注目しない。

つまり、「ある特定の人が2年のあいだに宝くじを2回当てる確率は?」と聞くのではなく、「宝くじを1回当てている誰かが、2年以内に再び当てる確率は?」と聞くべきなのだ。

先ほど言ったように、フランスの宝くじが当たる確率は約2000万分の1である。1回当てた誰かがその後も毎週買うとしたら、2年間に再び当てるチャンスはおおよそ100回あるので、確率は2000万を100で割って、20万分の1となる。まだかなり小さいが、最初に示した16兆分の1という値に比べたらすごく大きい。

しかもそれは、毎週1枚ずつしか買わなかったという場合だ。宝くじを当てた人は大金を持っているので、週に100枚買おうが痛くもかゆくもない。くだんのフランス人もそうだったのかもしれないが、身元を明かしていないので見当もつかない。もしそうだとしたら、確率は数百万分の1どころか数千分の1に上がってしまうだろう。

このように、誤って1回目の出来事が起こる確率も計算に含めると、確率が実際よりもずっと小さくなって、ニュースとしてのインパクトも大きくなる。だから新聞は、興味深い偶然の一致を報じるときには決まってそういう間違いを犯してしまうのだ。

こういう話を思い出した。飛行機に爆弾が乗っていないかと怖がっていた男が、次に飛行機に乗ったとき、自分で機内に爆弾を持ち込もうとした。警備員から「いったいどういうつもりだ」と問い詰められると、こう答えたという。

「飛行機に爆弾が乗っている確率は約100万分の1だと聞きました。すると爆弾が2つ乗っている確率は1兆分の1になります。だから自分でも爆弾を持ち込もうと思ったんです」

COLUMN

宝くじが当たる正確な確率

宝くじで大当たりを引く確率は、正確に求められる。イギリスでは59個の数字の中から6個選ばれるので、ある特定の6個の数字の組み合わせが選ばれる確率は、59個の中から6個選ぶ方法が何通りあるか、その総数を計算すればはじき出せる。その計算は次のようになる。

$$\frac{59!}{53! \times 6!}$$

59!というのは、1から59までのすべての数を掛け合わせるという意味で、59の階乗（かいじょう）と呼ばれる。ふつうの書き方で表すと次のようになる（途中の数は省略した）。

$$\frac{59 \times 58 \times 57 \times 56 \times 55 \times 54 \times 53 \times 52 \times \cdots\cdots \times 3 \times 2 \times 1}{53 \times 52 \times 51 \times \cdots\cdots \times 3 \times 2 \times 1 \times 6 \times 5 \times 4 \times 3 \times 2 \times 1}$$

分子分母から53!が消えるので、この式は次のように簡単になる。

$$\frac{59 \times 58 \times 57 \times 56 \times 55 \times 54}{6 \times 5 \times 4 \times 3 \times 2 \times 1}$$

ざっと見積もっただけでも、かなり大きな数になりそうだというのは納得してもらえるはずだ。正確な数は 45057474 である。

つまり、6 個の数字をランダムに選ぶと、次の抽籤でその組み合わせが当たる確率はおよそ 4500 万分の 1 ということになる。

オークニー諸島で赤ん坊が産まれる確率は？

2018 年 11 月 13 日、アンジェラ・ジョンストンとカレン・デイリーという 2 人の女性が、スコットランド北部のバルフール病院で赤ん坊を出産した。

2 人とも、人口 350 でたまにしか赤ん坊が産まれない、オークニー諸島のストロンセー島の住民だった。しかも、2 人とも数日前に同じフェリーに乗って本土の病院にやって来ていた。さらに 2 人とも、もし男の子だったらアレクサンダーと名付けようと（それぞれ別々に）決めていた。そして誰もが驚いたことに、どちらの赤ん坊も午後 11 時 36 分に産まれたのだ。

「そんなことが起こる確率はどのくらいあるんだ？」と誰もが思った。BBC のラジオ・スコットランドの局員も、その答えを知ろうと僕に電話を掛けてきた。どうやら、ぱっと「正解」が出るたぐいの問題だと思い込んでいたらしい。

でも、この本に出てくる多くの概算値と同じように、いくつか仮定を置かないと意味のある計算はできない。

まず、ストロンセー島では毎年何人の赤ん坊が産まれるのか?

人口が増減せずに一定だとしたら、年間の出生数と死亡数はおおよそ等しいはずだ。平均寿命が80年で一般的な年齢分布の場合、1年間で全住民の80分の1が死亡すると予想されるだろう。ストロンセー島の人口は350なので、さしあたり次のように予想できるだろう。

$$\text{年間出生数} = 350 \times \frac{1}{80} \fallingdotseq 4$$

もちろん、ストロンセー島の人口が一定だという仮定は間違っているかもしれないし、たとえ一定だったとしても、死亡数を補っているのは出生数でなく移住者数かもしれない。とはいえ、ストロンセー島のような島で1年間に産まれる赤ん坊の人数は、2人と仮定すれば比較的理にかなっているように思える。そこで、1年間に**ちょうど**2人産まれると仮定することにしよう。

では、その2人の赤ん坊が同じ日の同じ時刻に産まれる確率は?

1年は365×24×60分。

ジコールを使えば計算できる。

$$1\text{年} \fallingdotseq 400 \times 20 \times 60 \fallingdotseq 500000\text{分}$$

したがって、もし僕の仮定が正しければ、1人の妊婦が1年のうちのある特定の日の特定の時刻に出産する確率は、約50万分の1ということになる。

でも1人目の赤ん坊は、1年間のうちのいずれかの日のいずれかの時刻に必ず産まれる。**2人の赤ん坊が同じ日の同じ時刻に産まれる確率を計算するには、2人目の赤ん坊だけを考えればいい**(宝くじを1回当てている人が2回目に当てる場合と同じ)。

2人目の赤ん坊が同じ日の同じ時刻に産まれる確率は、いま計算したように約50万分の1だ。これで第1段階は済んだ。

ではそれ以外の条件は？　同じフェリーで同じ病院に行ったというのは？　実はそれはさほど驚くようなことではない。本土行きのフェリーはそう頻繁には運航されていないだろうし、出産予定日が近いのであれば、同じフェリーに乗って、出産病棟のある最寄りの病院に行くというのはたいして不思議ではない。

では名前については？　2人ともが息子にアレクサンダーと名付けるというのは、偶然の一致に近い。最近の国勢調査によると、スコットランドでアレクサンダーと名付けられる男の子は約100人中1人にすぎないようだ[27]。結果として、最初の問題の答えは宝くじに当たる確率くらいに低くなる。

ただし、1つだけ落とし穴があった。デイリー夫人が産んだのは……実は女の子だった。2人目のアレクサンダーは、実在していなかったのだ。

ホールインワンが2回出る確率は？

2017年10月、ジェイン・マッテイとクレア・シャインがイ

27 スコットランド国立公文書館によると、2018年に産まれた男の子計24532人のうち375人がアレクサンダーと命名されたという。

ングランド南部のバークシャーでゴルフを楽しんでいた。13番ホール、人によっては縁起の悪い数に見えるかもしれないが、ジェインとクレアにとってはけっしてそんなことはなかった。先にジェインがティーショットを打つと、驚いたことにボールはピンに当たってカップの中に落ちた。人生初のホールインワンだった。
　続いてクレアが狙いを定めた。ボールはまっすぐ飛んでいき、さらに、驚いたことにカップに転がり落ちたのだ。そんなことが起こる確率は？

　ゴルフにまつわる世界中の偉業を記録している、アメリカのノースカロライナ州に拠点を置く団体、ナショナル・ホールインワン・レジストリによると、このようなことが起こる確率は1700万分の1だという。宝くじが当たる確率とされる値にかなり近い。
　でも、ホールインワンと宝くじには大きな違いがある。先ほど見たように、宝くじが当たる確率は一定で正確に計算できるが、ホールインワンの確率をはじき出すには、勘を働かせていくつもの仮定を置くしかないのだ。
　まず、ホールインワンを出す確率はプレイヤーによって違う。ローリー・マキロイやタイガー・ウッズのようなトップ選手なら、ピンにボールを当てる確率はふつうのプレイヤーよりもずっと高いだろう。
　さらに、ホールの長さも関係してくる。ホールインワンを出すには、ティーからグリーンまでボールを飛ばさなければならない。そのためほとんどのゴルファーは、平均的なプレイヤーが3打でカップに入れるような（パー3の）短いホールでないと、ホールインワンを出しようがない。

パー3のホールの長さは、一般的に100〜200ヤード。短ければ短いほど、狙った方角の誤差がさほど効いてこないので、ホールインワンを出しやすい。

ふつうのゴルフコースにはパー3のホールが4つあるので、1ラウンド18ホールのあいだにホールインワンを出すチャンスは4回ある。だから、1ラウンド中にホールインワンを出す確率は、ある特定のホールでホールインワンを出す確率の約4倍ということになる。

「1700万分の1」という値は、ナショナル・ホールインワン・レジストリによるものである。この団体は、世界中から集めた統計値に基づいて、ある特定のホールでホールインワンを出す確率を、プロゴルファーで約2500分の1、一般のゴルファーで約12000分の1とはじき出している。したがって、ある特定のホールで平均的な2人の女性ゴルファーがどちらもホールインワンを出す確率は、次のようになる。

$$\frac{1}{12000} \times \frac{1}{12000}$$

これはおよそ1億5000万分の1だ。

でもよく調べてみると、問題のホールはコースの改修のためにたった90ヤードにまで短くなっていて、そのためホールインワンを出す確率もずっと高くなっていたはずだ。

さらに、この2人の女性は4人グループでプレーしていた（その4人をA、B、C、Dと呼ぶことにしよう）。

だから、ホールインワンを出す可能性のある2人組は、AB、

AC、AD、BC、BD、CDの6組あったことになる。そして、この6組のうちどのペアがホールインワンを出しても大ニュースになっていたはずなので、先ほどの確率に6を掛けなければならない。

すべて考え合わせると、先ほどの1億5000万分の1という値はもっとずっと大きくなるはずだ。

そもそも、この確率が1700万分の1であろうが5億分の1であろうが、誰もいっさい気にしない。何かとてつもなく珍しいことが起こったと伝えるための数値でしかない。

でも、本当にとてつもなく珍しいことだったのか？　僕はラジオのコメントを録音しに行く前に[28]、ロンドン南部のダリッジにある近所のゴルフクラブに立ち寄って話を聞いてみることにした。

すると支配人が「ホールインワンですか？　年に10回くらいは出ますね。この前の日曜日には11歳の少年が出しましたよ」と言って、デスクに置いてあるスコアカードを見せてくれた。

「ああ、でも先週2人の女性がホールインワンを出したというあの話でしたら、うちのほうが一枚上手ですよ」。支配人はそう言いながら、オフィスの外の壁に飾ってある額のところに連れていってくれた。「ホールインワンで引き分け！」という説明文が付けられたその写真には、マッチプレーのトーナメントでホールインワンを出して引き分けになった2人の男性が笑顔で写っていた。1984年のことだった。

28 2018年1月のBBCの番組 'More or Less' のワールドサービス版。ネットで聴ける。

このように、たまたま最初に立ち寄ったゴルフクラブでも、2017年に女性4人組が経験したのと同じくらい珍しい逸話が出てきたのだ。

そこで、封筒の裏でざっと計算してみた。

ダリッジで1年間にプレーされる
ラウンド数　30000
パー3のホールで1年間にプレーされる
回数　30000×4～100000
30年間では　30×100000＝300万回

つまり、2人の人が同時にホールインワンを出すチャンスは30年間で約300万回あって、実際に少なくとも1回はそのようなことが起こった。こうして、この出来事が起こる確率が数百万分の1くらいであることが確かめられた。

でも、世界中で毎年推定5億ラウンド以上はプレーされているのだから、2人の女性が同時にホールインワンを出したという逸話は毎年何回も繰り返されているはずだと予想できる。

そして確かにそのとおりだった。

バークシャーでのホールインワンの逸話についてさらに詳しいことを知ろうと、'Two women golf hole in one'（「2人の女性　ゴルフ　ホールインワン」）というキーワードでネット検索してみた。するとトップに出てきたのは、バークシャーの話ではなかった。その数か月前に北アイルランドで起こった、ほとんど同じような出来事だったのだ。

このときには、ジュリー・マッキーとマンディー・ヒギンズが、同じく4人組でプレーしていてホールインワンを出した。その珍しい出来事は、100万回に1回と形容されていた。ニュースで報じられる確率がどれだけいいかげんか、これでよく分かったと思う。

「完璧な手」が4組配られる確率は？

ここまで、見事な偶然の一致をいくつか見てきたが、表面的に史上もっとも驚くべき偶然の一致は、2011年4月にイングランド中部のウォリックシャー州キネトンで起こった。

ウォリックシャー州に住む4人の年金受給者が、ホイストという伝統的なトランプゲームをしていた。このゲームでは、52枚のカードすべてを4人のプレイヤーに配る。各プレイヤーは13枚ずつ手にする。

カードはシャッフルしてから配られた。4人がカードを手に取ると、驚いたことに全員が、それぞれ同じマークのカードを一揃え丸ごと手にしていたのだ。

そのうちの一人で、スペード13枚を手にしたウェンダ・ダースウェイトは、「びっくり仰天でした。あんなことは一度も経験したことがありませんでした」と語った。

ウェンダが驚くのも当然で、完全にシャッフルされたふつうのトランプをランダムに配ってこのようなことが起こる確率を数学的に計算すると、何と2235197406895366368301559999分の1となる[29]。

つまり、4人に13枚ずつ配った場合のカードの組み合わせは約2×10^{27}通りあって、そのうち、各プレイヤーがそれぞれ同じマーク一揃えを手にするのはたったの1通りなのだ。

これがどんなに起こりそうにない出来事なのか考えてみよう。

地球上には現在、70億を超える人が住んでいる。その全員に1組ずつトランプを渡して、完全にシャッフルしてから4つの手に配ってもらうとイメージしてほしい。

これを1分ごとに繰り返せば、1時間で60回となる。睡眠と食事のために1日9時間の休息を与えることにしよう。残りの15時間はひたすらカードを配りつづけてもらう。

すると、次のようになる。

1日1人あたり、15×60＝900回配られる

したがって、1年間でカードが配られる回数の合計は、次のようになる。

29 ウェブサイト'Aperiodical'でピーター・ローレットが2013年11月に計算した。

$$900 \times 70億 \times 365 \fallingdotseq 2000兆(2 \times 10^{15})回$$

たとえ配られる手がすべて違っていたとしても、2×10^{27} 通りあるホイストの手をすべて配るには、

$$\frac{2 \times 10^{27}}{2 \times 10^{15}} \fallingdotseq 10^{12} = 1兆年$$

もかかってしまうのだ。

科学者の推定によると、太陽系はいまから80億年後に終わりを迎えるという。だからこの確率によれば、問題の完璧な手はトランプの歴史上いまだ一度も配られたことがないだけでなく、たとえ地球上の全人類が1分おきにトランプをシャッフルしては配ることを繰り返したとしても、この宇宙が終わるまでにその手が再び配られることはないだろうと言い切ってかまわない。

ところが面白いことに、まさにそのような偶然の一致を、1988年にイングランド南東部のサフォーク州バックルシャムでブリッジをプレーしていた4人の年金受給者が、再び経験したのだ。

その一人ヒルダ・ゴールディングは、当時次のように語った。
「驚きました。約40年以上はプレーしていますが、あんなことは一度もありませんでした」。

さらに記録を当たっていくと、1938年3月のペンシルヴェニ

ア州、1949年7月のヴァージニア州、1963年4月のワイオミング州など、これと同じ出来事が起こったという報告がいくつも出てくる。4人のプレイヤーに完璧に一揃いの手が配られたという報告の1つが、ロンドンのセントジェイムズクラブでのこと。時は1959年……4月1日。どうも日付が怪しい。

注目すべきは、これらの出来事がどれも宇宙の歴史上1回しか起こらないとされていることだ。それでは理屈に合わない。これらの偶然の一致が全部起こる確率はあまりに小さくて、ありえないと呼んでもかまわないくらいになってしまうのだから。

理屈に合わない以上、実際に起こったことに対しては別の説明のしかたがあるはずだ。

それは2つ考えられる。

1つ目は、トランプが完全にランダムにはシャッフルされていなかったという可能性だ。新品のトランプは、スペード、ハート、クラブ、ダイヤと、マークごとに順番に並んでいる。

これをちょうど真ん中で2つに分けて、左右のカードがきれいに互い違いになるように完璧にリッフルし、それをもう一度繰り返すと、すべてのカードがスペード、クラブ、ハート、ダイヤ、スペード、クラブ、ハート、ダイヤ……という順番に並ぶ。

これを4人に配ると、1人目のプレイヤーはスペードだけを、2人目はクラブだけを受け取ることになる。これが真相だと言っているわけではないが、可能性はある。

たとえ完全にシャッフルされていても、1勝負終わってカードが集められたときには、マークごとにかたまっている場合が多い。

完全にシャッフルされたと確信するには、上手な（しかし完璧ではない）リッフルを7回以上はしなければならないし、それでも何らかのパターン（たとえばスペードがかたまっているなど）が残っていることは十分にありうる。

だから、トランプの手にまつわるこれらの異常な逸話はすべて、シャッフルしてもカードがぜんぜん「ランダム」になっていなかったからだという可能性がかなり高い。

それでも完全に同じマークが揃うことはとてつもなく稀だが、カードの並び方に何らかの規則性が残っている場合にそのようなことが起こる確率は、完全にシャッフルされている場合に比べてとてつもなく高いはずだ。

考えられる説明はもう1つある。いたずら好きの誰かがプレイヤーに気づかれずにカードをきれいに並べるのは、どのくらい難しいだろうか？

マジシャンなら簡単にできるだろう。プレイヤーの気を逸らせているあいだに、カードの束をすり替えてしまえばいい。いたずらを仕掛けるのがプレイヤーのうちの1人であれば、ますます簡単だろう。

しかもこの偶然の一致が紳士クラブで4月1日に起こったとなれば、何らかの策略が働いていた可能性はかなり高いと思う。

そう考えていくと、パラドックスのようなものが見えてくる。起こる確率の低い出来事であればあるほど、真相は違っていたと信じるべき理由が強くなるのだ。コイントスをしたら表が連続で10回出たとしよう。驚きだし、少し不気味だろう。そのようなことが起こる確率は次のようになる。

$$\frac{1}{2}\times\frac{1}{2}\times\frac{1}{2}\times\frac{1}{2}\times\frac{1}{2}\times\frac{1}{2}\times\frac{1}{2}$$

$$\times\frac{1}{2}\times\frac{1}{2}\times\frac{1}{2}=\left(\frac{1}{2}\right)^{10}\approx 1000\text{分の}1$$

そのままそのコインをトスしつづけたら、さらに90回も表が出て、表が100回連続で続いたとしよう。このようなことがランダムに起こる確率は$\left(\frac{1}{2}\right)^{100}$、つまり1兆の1兆の100万分の1だ。

では次のトスで表が出る確率は？　標準的な確率論によれば、次も表が出る確率はやはり2分の1である。でも、100回連続で表が出る確率が信じられないほど低いことを考えると、別のシナリオが浮かび上がってくる。

このコインが実は両面表だったとしたら？　あるいは、表が上になって落ちるよう、毎回まったく同じようにトスしているとしたら？　あるいは催眠術にかかっていて、裏が出たときも表だと思い込んでしまっていたら？

いずれも可能性は低いが、公正なコインを公正にトスしたときの確率よりははるかに高い。

つまりこういうことになる。コインを100回トスして毎回表が出たとき、「次も表が出る確率は？」と聞かれたら、僕の答えは「ほぼ100%」だ。

エネルギー、気候、環境

地球の未来と僕たちが地球におよぼす影響は、現代生活でもっとも差し迫った懸念の1つである。気候変動がどのような影響をおよぼすかは誰にも断言できないし、まさにそれを予測するための高度なコンピュータモデルを構築している専門家の見解にも、大きな幅がある。

それでも、提案される解決策はすべて一致している。省エネルギーなどによって二酸化炭素とメタンの排出量を削減し、廃棄物の量を減らし、どうしても出てしまう廃棄物はできるだけリサイクルするというものだ。封筒の裏での計算をすると、この問題の重大さと、解決策の優先順位を把握できる。

家の中で一番エネルギーを消費しているのは何？

地球温暖化を食い止めるには、僕たちもいますぐに本気で省エネルギーに取り組まなければならない。そこでこの機会に、一個人として何を削減できるか考えてみよう。

君はアパートで1人暮らしをしているとしよう。冷蔵庫には食材が十分に入っていて、大型テレビがスタンバイ状態にあり、毎朝シャワーを3分間浴び、コーヒーや紅茶を淹れるために1日4回電気ケトルでお湯を沸かす。

これらのうち、24時間でもっともエネルギーを消費しているのはどれだろうか？

（a）冷蔵庫
（b）スタンバイ状態のテレビ
（c）シャワー
（d）電気ケトル

ほぼどんな講演の場で聴衆に聞いても、ほかより多く票を集める答えが1つある。（b）スタンバイ状態のテレビだ。

多くの人がこれを選ぶ理由は、2つあるだろう。1つ目は、スタンバイ状態のテレビが意外と多くの電気を使っているという話を聞いた記憶があること。もう1つの理由は、質問者の意図を深読みしてしまうことだ（「きっとみんなが驚くような答えにしたいんだろう」）。

実は4つの選択肢の中で間違いなくエネルギー消費量が最大でないのが、スタンバイ状態のテレビである。確かに何年も前のテレビは、スタンバイ状態でもかなりエネルギーを消費していた（温めておくのにエネルギーを使っていた）が、最近はそんなことはない。現在の一般的なテレビはスタンバイ状態では1〜2ワットしか使っておらず、ふつうの電球よりはるかに少ないのだ。

ではもっともエネルギーを使っているのは？　それは条件による。

一般的な冷蔵庫（冷凍庫なし）の消費電力は約50Wでふつうの電球とさほど違わないが、それも必要な仕事量（暑い日ほど多くのエネルギーを消費する）と効率によって変わってくる。仕事量が多くなるのは1日のうち半分くらいだろうから、次のようになる。

$$50\,W \times 12\text{時間} = 600\,Wh \sim 1\text{日}\frac{1}{2}\,kWh$$

一般的な電気ケトルは、2 kW のエネルギーを消費する。お湯が沸くのに3分$\left(=\frac{1}{20}\text{時間}\right)$かかるとしたら、1回あたり$\frac{1}{10}$ kWh で、1日4回沸かすのであれば次のようになる。

$$\frac{1}{10} \times 4 = \frac{4}{10} = 1\text{日}\frac{2}{5}\,kWh$$

でもケトルに満杯に水を入れると、沸くのにもっと長い時間がかかるので、簡単に$\frac{1}{2}$ kWh を超えてしまう。

ではシャワーは？　ケトル4杯分の沸騰したお湯を水タンクに入れてから、適温になるよう冷水を足したとしよう。そのお湯でシャワーは何分もつか？　1分か2分といったところだろうか。だから、シャワーに必要なエネルギーは、電気ケトルでお湯を4回沸かすのとさほど違わないことになる。

その日の気温、ケトルに入れる水の量、シャワーを浴びている時間の長さによって、この3つの器具のうちどれが一番エネルギーを消費してもおかしくはない。桁数で言ったらどれも同じとみなせる。

でも日常生活で使う「器具」の中には、これらよりも桁違いに多くのエネルギーを消費するものがある。自動車だ。

エンジンを掛けて、信号で停止したり発進したりしながら街なかを時速30〜50キロで走ると、エネルギー消費率（出力）は平均で約20 kWとなる。つまり車を走らせるのは、電気ケトル10個をスイッチオンにして、運転中ずっと沸騰させつづけていることにおおよそ等しいのだ。

車を30分走らせただけで、家の器具をすべて合わせたよりも多くのエネルギーを消費する。車で子供の送り迎えをするときには頭に入れておいてほしい。イビザ島へ飛行機で行くときもそうだ。

一生でケトルを何個使う？

どれだけ多くの家庭用品が使い捨てられているかを考えると、思わずはっとさせられる。近所にあった2軒の修理店（1軒はテレビ、もう1軒は掃除機）が店じまいしてから10年以上経つ。

いまどき、テレビや掃除機が動かなくなったらそのまま捨ててしまうものだ。誰もが1年でどれだけ多くの「原料」を捨てていることになるかを思うたびに、気がめいってしまう。

例として、なんと言うことのない家庭用品を取り上げてみよう。前の問題でも登場したケトルだ。少年時代、ガスレンジの上にはアルミのケトルが載っていて、お茶を淹れるときに使っていた。

子供の時分はそうだった。でも、実家を出てからはずっと電気ケトルを使っている。ほとんどの人がそうだろう。ケトルはいつでも家にあるはずのものだろうが、では一生のうちに何個使うことになるだろうか？

僕は20年前に結婚して、そのときにもらった結婚祝いの一つがケトルだった。くれた人には内緒だが、残念なことにそのケトルは2年しかもたなかった。最初のが使えなくなってから数えると、現在で5台目だ。運が悪かったのだろうか？　それとも、たいていのケトルは3年か4年しかもたないのだろうか？

ケトルは大人が使うもの（子供は恩恵を受けるだけ）だと仮定すると、80歳まで生きる人は大人になってから優に20個はケトルを買うことになりそうだ。ただ、家庭用品はふつう1個を2人以上の大人で使うものだから、1人あたりでなく1家族あたり20個というほうが正しいだろう。とはいっても、かつては一生使われていたような器具を現代の僕たちがどれだけ頻繁に買い替えているか、祖母の世代がそれを知ったらきっと卒倒してしまうだろう。

ここ30年ほどで社会は、短寿命の家庭用品を使い捨てるというパターンに慣れきってしまったので、一昔前の生活がどんなものだったかはなかなか想像できない。そこで代わりに100年先を見据えてみよう。いまのスピードで使い捨てが進んだら……。

イギリスの世帯数3000万
100年÷4年でケトル1個＝1家族で25個
3000万×25個＝7億5000万個

100年後までに10億個近いケトルが捨てられることになるのだ。しかもイギリスだけで。

それが事実だとしよう。運が良ければほとんどのケトルの金属をリサイクルできるだろうが、残りはどこかの埋め立てに使われてしまうだろう。
　これで持続可能なのだろうか？　当然そんなことはない。500年後はどうなっているんだろうか？　その頃の生活を想像するのは難しいが、それよりずっと前に、ライフスタイルや消費傾向を根本的に変えるしかないのは確かだろう。

ロンドンのトイレでは毎日どれだけの量の上水が流されている？

　現代生活の目立たない贅沢の一つが、飲用水をいつでも際限なく使えることだ。でも、料金を払って手に入れているその飲用水のうちかなりの量は、けっして飲まれることはなく、そのままトイレに流されてしまう。ではそれはどのくらいの量になるのだろうか？
　ロンドンの昼間人口は、働きに来ている人を含めておよそ1000万。その全員がトイレを少なくとも1回は使うのは間違いないし、きっと1日5回以上は使うだろう。だから、ロンドンではトイレが1日あたり5000万回使われることになる。
　ちょっと実際の場面を思い浮かべてみると、女性は、そして男性も大きいほうでは毎回水を流すが、男性は小のときには25%しか流さないだろう（多くは小便器を使う）。したがって、

女性＋男性の大 2500万回
男性の小 2500万回×0.25
～1日あたり3000万回

　1回でどれだけの量の水が流されるのか？

1リットルの水差しでタンクを満杯にするのをイメージすれば、どんなにエコなトイレでも3〜4リットルは使うだろう。だからかなり控えめに見積もっても、ロンドンだけで毎日1億リットルの水が流されているといえるし、実際にはもっとずっと多いだろう。

比較として、オリンピックプール1杯分は約250万リットル。つまりロンドンでは毎日、最大でプール約10杯分、小さい湖が空になるくらいの水が流されていることになる。

もちろん、水そのものは環境に負荷をかけない。でも貯水池を作るとなると、川の流路を変えたりダムを建設したり水を汲み上げたりして、どうしても周囲の自然に影響を与えてしまう。しかも渇水のときには、動植物から水を奪って人間が使うことになる。

ウシと人間、どちらがメタンを多く出している？

排出の話ということで、次にウシに目を向けてみよう。どうしてかって？　メタンを出しているからだ。

メタンはかなりたちの悪い温室効果ガスで、科学者の推計によると、20年にもわたって同量の二酸化炭素の100倍の熱を閉じ込めてしまうという。

大気中にメタンが危険なほど増加しているおもな原因は、ウシ、とくに肉牛が牧草を消化する際に、とてつもない量のメタンを発生させることである（広く信じられていることと違って、おもにおならよりもげっぷで排出される）。そのため、世界の牛肉消費量の削減が急務である。

平均的なウシは、1日あたり200〜500リットルのメタンを発生させる（とてつもない量だ。僕にはとうてい推計できないと思ったので、文献に当たったが、公式資料の中でも数値には大きな幅があった）。

メタンを排出しているのは、ウシだけではない。どんな生物も、消化または分解の一環としてメタンを発生させている。人間もそうだ。J・トムリン、C・ルイス、N・W・リードの書いた独創的な論文『健常被験者における正常腸内ガスの生成の研究』（えっ？　まさか読んでないの？）によれば、ベークトビーンズ200グラムを食べた人は1日平均約15ミリリットルのメタンを発生させるという。それに対して、ウシでは1日あたり数百リットル。つまり平均的なウシは、平均的な人の1000倍以上のメタンを発生させているのだ。

もちろんウシよりも人のほうがずっと数が多い（イギリスでは7倍だ）が、それでもウシのメタン排出量の合計は人間の数百倍だ。国によってこの比は違うだろうが、世界中で似たような状況だと考えて差し支えないだろう。メタンはおもにウシの問題なのだ。

とはいえ、人間は何十億もいる。では、世界中の人間のおならは地球のメタン濃度にどの程度寄与しているのだろうか？

15 ml × 80億人 ≈ 1日あたり1億リットル

この量は、ロンドンのロイヤル・アルバート・ホール、またはシドニー・オペラハウスのメインコンサートホール、あるいは、イギリスのあちこちにいまでも残っている19世紀の古いガスタンクをいっぱいにするくらいだ。

この瞬間に何機の飛行機が飛んでいる？

2016年、BBCが全3回に分けて放映した傑作ドキュメンタリー番組‘City in the Sky’（『空中都市』、司会ハンナ・フライ、ダラス・キャンベル）の中で、つねに100万人もの人が飛行機に乗って空中にいると伝えられた。唖然とするような数だ。常時何千機もの飛行機が飛んで、上層大気に二酸化炭素を撒き散らしているのだ。でもこの数値は正しいのだろうか？

たいていの人なら上空を飛行機が毎日少なくとも2機は飛んでいるのに気づくだろうが、頭上にいるその数百人を世界中で足し合わせると常時100万人になるなどというのは、（少なくとも僕の想像力の範囲内では）こじつけだ。

概算に取りかかる上で、まずはかなり混雑した空港について考えてみたらいいかもしれない。僕に一番馴染みがあるのは、ロンドンのガトウィック空港。ターミナルから眺めていると、さほど間隔を空けずに次々と飛行機が離陸していく。1分あたり1機といったところだろうか。飛行機の飛行時間は30分から15時間と幅があるが、平均飛行時間はどのくらいなのだろう？　2時間くらいだろうか。

そこで、ガトウィック空港から離陸した飛行機がそれぞれ120分飛行し、1分ごとに1機離陸すると同時に、到着した飛行機が1機着陸するとしたら、ガトウィックから離陸した飛行機が常時約120機は飛行中ということになる。でも、24時間ずっとこの間隔で離陸しているわけではない。騒音規制によって深夜の離発着は厳しく制限されている。

そこでいまの値を半分くらいにして、ガトウィックのような空港を離陸した飛行機が常時たとえば50機は飛行中であるとしよう。

ロンドンのヒースロー空港はガトウィック空港よりも混雑しているが、イギリス国内のほかの空港を順番に見ていくと、離陸回数は次第に減っていくだろう。そこで、イギリスにはガトウィックくらいの規模の空港が5か所あることに相当すると推測すればいいだろうか。すると、イギリス国内から離陸した飛行機が常時250機は飛行中ということになる。

1つの国から出発する飛行機の数は、その国の経済規模に左右されていそうだ。豊かな国や人口の多い国は、小さくて貧しい国よりも間違いなくたくさんの飛行機を飛ばしているだろう。

アメリカは人口がイギリスの5倍で、イギリスよりも豊かである。面積も広いので、飛行機の必要性も高い。だからイギリスで250機が飛行中だとしたら、アメリカでは3000機といったところだろう。

世界中の200近い国のうち無視できないのは数か国ほどだろうが、経済大国をすべて足し合わせるとアメリカ10か国分くらいになるだろうか。すると、常時30000機ほどの飛行機が飛んでいることになる。1機に平均50人が乗っているとすると、次のようになる。

$$50人 \times 30000機 = 150万人$$

'City in the Sky' の説明とおおよそ一致する。

ネットで公開されている「公式」の航空交通統計によると、

30000機というのは多すぎで、さまざまな資料によれば実際の値は5000機から10000機のあいだのようだ（自家用機や軍用機は含まれていない）。でもこの下限値を取ったとしても、数十万の人間と何百万トンもの金属が上空を飛んでいることになる。そして、大量の二酸化炭素を新たに大気中に撒き散らしているのだ。

木を1兆本植えることはできる？

アメリカ海洋大気庁によると、大気中の二酸化炭素濃度はここ70年で25%以上も上昇しているという。大気中の二酸化炭素が温室効果を増幅させて地球温暖化に寄与することは、100年以上前から知られていた。

大気中の二酸化炭素の量を減らせるかもしれない1つの方法が、木を植えて二酸化炭素を吸収させるというものである。1本の木は成熟するまでに、最大で1トンの二酸化炭素を取り込む。

では、毎年排出される二酸化炭素を相殺するには、何本の木が必要なのだろうか？

2017年、世界自然保護基金などいくつかの環境保護団体が合同で、'Trillion Trees'（「1兆本の木」）というキャンペーンを立ち上げた。2050年までに世界中の木の本数を1兆本増やすという計画である。推計によると、現在の世界中の二酸化炭素排出量をそれで相殺できるという。野心的で崇高な目標だが、それだけ大量に木を植えても十分ではないと訴えている人もいる。

でも、なぜ「1兆本」なのか？　この数値はどうとらえたらいいのだろうか？

手始めに、どこか身近な森か人工林について考えてみよう。僕はイングランド西部のチェシャー州に広がるデラメアの森の近くで育った。この森の大部分は、若い針葉樹でできていた。僕の見立てでは、密集しているところでも木と木は互いに2メートル以上離れていた。したがってこの森を縦横の格子で区切ると、1ヘクタール（100メートル四方）あたり、

$$50 \times 50 = 2500\text{本}$$

の木が生えていることになる。

1平方キロメートルでは250000本なので、4平方キロメートル、つまりたった2 km×2 kmの正方形の区画の中に、約100万本の木が生えていることになる。かなりの本数だが、1兆が100万の100万倍であることを忘れてはならない。

このおおざっぱな概算に基づくと、目標の1兆本を達成するには、

$$4 \times 1000000 = 4000000\text{平方キロメートル}$$

の土地にびっしりと木を植える必要がある。

この面積を何か身近なものと比べてみよう。

ウェールズの面積はおよそ20000 km^2。フランスは500000 km^2強。インドは約300万 km^2。だから、ウェールズ200個分、フランス8個分、またはインド1個分と少しの面積を新たな森で覆わなければならないことになる。多いか少ないかの判断はお任せしよう。

1兆という数のとらえ方が、もう1つある。地球上には70億

の人間が住んでいるので、世界中で１人あたり、

$$1兆 \div 70億 \fallingdotseq 100本$$

の木を新たに植える必要がある。

そこでこういう疑問が出てくる。どこに植えるのか？　そして誰が植えるのか？

楽しいフェルミ問題

ここまでいろんな例で見てきたように、封筒の裏での計算は、ビジネスプランが実現可能かどうかを確かめたり、人間による環境負荷を理解したり、政治家の主張に異議を唱えたりなど、実用的な場面で役に立つものだ。

でも、それだけに留めておく必要はない。フェルミ問題の中には、好奇心豊かな人が気まぐれで追いかけた空想の産物にすぎないものもたくさんある。頭の体操として、または列に並んでいるときの暇つぶしとして、フェルミ問題を楽しむ人もいる。

僕は小さい頃から、そういう問題を考えることに没頭していた。劇やクリケットの試合など、何かイベントが始まるのを待っているときには、父が決まって、「今日ここには何人集まっているんだろうな?」とか「チケットの売上はいくらくらいなんだろうな?」といった、正解の分からない問題を出してくれたものだ。

そこで、単に好奇心を満たすためと、概算のテクニックを磨くために、実際にはほとんど役に立たないけれど妙に面白いフェルミ問題を、最後にいくつか紹介しよう。

100万まで数えるにはどれだけかかる?

人の親なら覚えているだろうが、子供が1から数えはじめて理屈上は永遠に数えつづけられることに気づいてくれるのは、なんとも嬉しいものだ。では、実際にはいくつまで数えられるのだろうか？

声に出して「通常」のスピードで1、2、3、4……と数えていくと、1秒あたり2つくらいは数えられるだろう。ということは、100までは約1分、1000までは10分で数えることができて、100万まで数えるには10000分、つまりいっさい眠らずに約7日間かかることになる。ただし、大きい数になるほど長い時間がかかる。たとえば243100からスタートしたら、1分でどこまで数えられるだろうか？　1秒あたり2つどころか、数1つあたり2秒以上かかってしまうだろう。スピードは4分の1だ。

100万まで数えるとすると、大部分の数は長ったらしい言葉になってしまう。そこで数1つあたり2秒かかると見積もるのが適当で、全部で200万秒かかることになる。一睡もしなかったとしても、100万までのすべての数を数えるには約25日（ほぼ1か月）かかるのだ。

アメリカ人は途中の 'and' を省略するので、少しだけ時間短縮になるかもしれない。イギリス人が 'One thousand two hundred and four'（1204）と言うところを、アメリカ人は 'One thousand two hundred four' と言う。これで約5%は時間の節約になると思う[30]。

この時間短縮の効果もあって、世界一大きな数まで数え上げた記録を持っているのは、アメリカ・アラバマ州バーミンガム在住

30 フランス語だと 'Mille deux cents quatre' とさらに短くなる。

のジェレミー・ハーパーである。2007年夏にハーパーは1から100万まで数え上げた。かかった期間は3か月弱。睡眠や食事や息抜きが必要だったことを考えると、一睡もしなかった場合の理論上の最短期間である1か月のたった3倍で済んだというのは驚きだ。

もっと大きい数まで数えたい人なんているのだろうか？　挑戦している人が1人いる。

セサミストリートに登場する、数を数える（カウント）のが大好きなカウント伯爵は、ツイッターのアカウントを持っている。そして毎日1つずつ、新しい数を言葉でつぶやいて数えている。日によっては2つか3つ数えることもある。この前見たときにはまだ2000台前半だった。

100万にたどり着くには、どのくらいかかるのだろうか？　このペースだとおおよそ500000日、つまり1000年以上かかるはずだ（500000÷365≒1000）。でもそこでやめてしまう必要はない。

さらに続けていくと……、いずれは280文字というツイッターの上限を超えてしまう。では、そのときの数は何だろうか？

カウント伯爵はアメリカ式で数えるので、‘and’ にわずらわされる必要はない。また0が3つ増えるごとに、billion（10億）、trillion（1兆）、quadrillion（1000兆）と、標準的なスタイルで呼び方が変わっていくとしよう。

カウント伯爵が数えられる上限は、数の大きさで決まるわけではない。90000000000000000000000000000という数でも、‘Ninety octillion!’ とたった17文字で書けてしまうからだ（カウント伯爵はツイートの最後に必ず！マークを付ける）。

でもNinety octillionにたどり着く前に、ツイッターの文字数の上限を超えてしまう。たとえば、Ninety octillionの20000分の1未満の数をランダムに選んでみよう。3865497871750829425934673。これをカウント伯爵のスタイルで書くには285文字必要だ（省略せずに書き出すと、Three septillion eight hundred sixty-five sextillion four hundred ninety-seven quintillion eight hundred seventy-one quadrillion seven hundred fifty trillion eight hundred twenty-nine billion four hundred twenty-five million nine hundred thirty-four thousand six hundred seventy-three!）。

では、ツイッターの上限を超える最小の数は？　それを見つけるには、各桁で一番文字数の多い数詞、つまりthree（3）やseventy（70）などをたくさん並べる必要がある。どこかで調べずに自力で正確な答えをはじき出したい人もいるかもしれない（ヒント、sextillion（10^{21}）の桁だ）。

コンマを付けないこと、そしてカウント伯爵はいつも最後に！マークを付けることを忘れないように。正解は付録の191～192ページに書いておこう。

カウント伯爵がその巨大な数にたどり着くまでには、どれだけの時間がかかるのだろうか？　1日平均2つなので、50×10^{21}日、つまりおよそ1垓（がい）（10^{20}）年だ。さっき言ったようにこの太陽系はあと数十億年で終わるらしいので、カウント伯爵がツイッターの文字数制限に引っかかることはないと自信を持って言えるだろう。

十代の若者は1年間で何回 'like' と言う？

人がしゃべっているのにじっと耳を傾けたことがあるだろうか？　つまり、実際に何と言ったか、使われた単語を正確に書き起こすという意味だ。流暢に聞こえる会話でも、間や言い直し、あるいはつなぎ言葉がたくさん使われていることが多い。僕が一番興味があるのは、たとえば 'um'、'you know'、'er'、'basically' といった、かなり頻繁に使われるつなぎ言葉だ。

その中でも多くの人が眉をひそめるのが、'like' である[31]（日本語では、「みたいな」みたいな感じだろうか。もはや時代遅れだが……）。

'like' という単語は20年以上前から、英語を話す文化圏、とくにイギリスとアメリカの十代の若者のあいだで広く使われている。僕に言わせると、the、of、and、to、a、in、is、you、are、for という英語の頻出単語トップ10を差し置いて、どんな単語よりも多く like を使う人すらいるはずだ。

では、「典型的」なおしゃべりの十代のアメリカ人は、1年間で何回 'like' と言うのだろうか？

それを見積もるには、何らかのデータが必要だ。つまり、何か実際の会話を記録しなければならない。バス停で並んでいるときに立ち聞きするというのも1つの方法で、それなら題材に事欠かない。または僕のように、YouTube のビデオブログのチャンネルでおしゃべりを聴いてみてもいい。ある2人の若者の会

---

31 言語学では 'like' のような単語を談話標識といい、会話の中では 'um' や 'er' などのつなぎ言葉よりも重要な役割を担っているという。たとえば 'Placing like in telling stories', Jean Fox Tree, 2006 を見よ。

話の一部を紹介しよう。

A：'Have you noticed that [name] has three voices, she has her normal talking voice **like** 'hi guys how's it going?' and then she has her **like** pissed-off voice where she's **like** 'yo! – **like** – don't ever do that again' and then she has her cutie voice where it's **like** [puts on silly voice] a wittle wabbit.'（あの子、3種類の声使い分けてるよな？「やあ、みんな元気？」**みたいな**ふつうの声と、「ちょっと！　**ねぇ**、二度とやんないでよ」**みたいな**むかついたとき**みたいな**声と、[バカにした口調で] うさちゃん**みたいな**かわいい声さ）。

B：'I **like** her cutie voice.'（俺はかわいい声が**好き**だな）。

この盛り上がった会話の断片の長さは15秒。このあいだに2人は63単語しゃべり、'like' は6回出てきた。そのすべてがつなぎ言葉に使われたわけではない。前置詞（'like a wittle wabbit'）や動詞（'I like her cutie voice'）としても使われている。でも 'like' を数えるとしたら、これらもすべて含める。

この会話の断片では、話された単語の10%以上を 'like' が占めている。この値を「like比」と呼ぶことにしよう。10%という like比は珍しくはなく、しょっちゅう 'like' と言う人ならきっとこの程度の割合で使っているだろう。僕がおおざっぱに調べたところ、'like' をもっとも多用する人は5単語に約1回、20%

使っているが、そのような人でもあらゆる会話でこの割合をキープしているわけではない。一方で、十代の若者でも like をめったに使わない人も大勢いる。

そこで、おしゃべりな十代の若者の like 比を 10% と見積もることにしよう。

そして以下のように仮定する。

- 平均の会話速度は、1 分間に約 100 単語。
- グループ（2 人以上）の中で一番おしゃべりな十代の若者が、約半分の時間しゃべっている。

したがって、おしゃべりな十代の若者は 1 分間に 50 単語しゃべり、like 比が 10% であれば 1 分間に 5 回 'like' を使うことになる。

では、おしゃべりな十代の若者は 1 日にどのくらいの時間を会話に費やしているだろうか？　毎日の通学中には、たとえば合計で 1 時間といったところだろうか。昼休みなど人と交わる時間も含めるために、さらに 2 時間足すことにしよう。合計で 3 時間。これで計算してみよう。

1日あたり200分 × 1分あたり5回
＝1日あたり1000回
1000 × 1年365日 ≒ 1年あたり400000回

50 万回近いのだ！

一番多用する人が 1 年間に 'like' を使う回数が優に 100 万回

を超えていたとしても、驚くことはないだろう。
すごい、みたいな。

君はリチャード3世の子孫？

2012年8月、イングランドのレスター中心部にある駐車場を掘り起こしていた考古学者チームが、頭蓋骨を発見した。DNA分析をおこなったところ、長いあいだ所在不明だったリチャード3世の亡骸であることが確認された。王位に就くためにロンドン塔で幼い甥たちを殺したとして、シェイクスピアによって悪人に仕立て上げられた、猫背の王様である。またの名をヨーク公リチャード。ボズワースの戦い（1485年）でヘンリー・テューダーに敗れて殺された。

リチャード3世の骨が再発見された喜びもつかの間、それをどこに埋めるべきかという論争が巻き起こった。レスターの住民は、発掘地に近いレスター大聖堂に埋葬すべきだと考えた。ところがプランタジネット同盟を名乗る小団体が、リチャード3世の子孫である自分たちに埋葬場所を決める権利があるはずだと主張しだした（プランタジネットは、12世紀から15世紀までイングランド王国を支配していた家の名）。そして、ヨークに埋葬するよう要求した。

500年も経っているんだから血縁者は15代にもおよぶんじゃないかと思った僕は、この話に興味を惹かれた。そこでグーグルでリチャード家について調べ、封筒の裏でちょっと計算してみた。
すると、次のようなことが分かった。
リチャード3世には子供が3人いたことが分かっているが、

唯一の正当な後継者は幼い頃に死んでいるし、残り2人の私生子には子供がいなかったと考えられている。だからリチャードの直系の子孫は、知られている限り1人もいない。リチャードを戴いて活動する自称子孫たちは、実はリチャードの甥や姪の子孫だったのだ。

リチャードには兄弟姉妹が5人と、甥や姪が大勢いた（シェイクスピアによるとそのうちの2人がリチャードに殺されたという。有名な「ロンドン塔の王子たち」である）。最年長の姉アンの娘が11人の子供を産み、そのうちの1人も子供を11人産んだので、たった2世代でリチャード3世の親戚は繁栄を続ける家系を築いたことになる。

成人まで生き延びたそれぞれの子孫が、育児年齢まで生き延びる子供を2人ずつ産み、1世代が約25年だったと仮定しよう。リチャードの死から500年ほどで約20世代になるので、もしも子孫どうしでの血族結婚がなかったとしたら、現在ではリチャードの甥や姪の子孫はおよそ2^{20}人、約100万人ということになる。

でもこれは控えめな概算値である。成人まで生き延びる子供が2人以上、たとえば1世代あたり2.3人だとすると（栄養状態が良くて生存率が高い裕福な家庭にしては低い概算値）、子孫の人数は何と1700万人にまで跳ね上がるのだ。27ページで説明した「敏感さ」の一例である。

でも、遠く離れた親戚どうしでの結婚は当然避けられない。リチャード家の家系を下っていくにつれて、遠く離れた親戚どうしで結婚した人は大勢出てくるだろう。これによって1700万人という人数は大きく減るだろうが、それでも、リチャード3世の親戚の子孫は少なくとも100万人はいると考えるのが妥当だろう。

この主張を裏付けるものとして、ダラム大学のアンドリュー・ミラード博士は論文の中で、イギリス人の祖先を持つ人ならばほぼ間違いなくエドワード3世（リチャードの曾曾曾曾祖父）の子孫であることを論理的に証明している。エドワード3世についてそうだったとしたら、君の祖先の中にリチャード3世がいる確率もかなり高いはずだ。

では僕の結論は？　イギリス人の祖先を持つすべての人がリチャード3世の子孫である可能性があるのだから、プランタジネット同盟が埋葬場所を決める権利は、そのほかの僕たち全員よりけっして大きくはない。高等裁判所の3人の裁判官もこれと同じ見方を取って、司法審査で同盟の訴えを退けた。封筒の裏での数学の勝利だ。

メキシコシティで砲丸投げをしたらどこまで飛ばせる？

どこで投げても変わらないはずだと思った人もいるかもしれない（遠くまで飛ばすのが目的ならエッフェル塔のてっぺんが一番いいだろうが、ここでは平らな地面の上で投げるものとする）。

ところが実は、投げた物体が飛ぶ距離は2つの要因に大きく左右される。空気の密度（空気抵抗に影響を与える）と、重力である。

それを証明する有名な実験として、1971年、月面に立ったアポロ14号の船長アラン・シェパードが、記憶に残る離れ業をやってのけた。

月では重力は地球の約６分の１で、空気抵抗はほぼ０だ。シェパードは、ゴルフクラブのヘッドとゴルフボール２個を宇宙船にこっそり忍ばせていた。そして月面でクラブの柄を即席で作り、片手で一振りしてボールを「何マイルも何マイルも」飛ばした。後日シェパードはもっと現実的な値として、ボールは「200ヤード（約180メートル）以上」飛んだと語っている。

月面の宇宙飛行士がちゃんとしたクラブを２本の腕で振っていたら、優に１マイル（約1.6キロメートル）は飛ばせていただろう。

地球上では空気抵抗は避けようがないが、大気の密度は標高によって違う。死海よりも、南アフリカのテーブルマウンテンの山頂のほうが空気抵抗は小さい。だからそれ以外の条件がすべて等しければ、テーブルマウンテンの山頂で砲丸を投げたほうが、平地で同じスピードで投げるよりも少し遠くまで飛ぶだろう。でもその差は小さい。

空気抵抗は風船のスピードには大きな影響を与えるが、重い鉄の塊への影響はごくわずかだ。たとえ真空中でも、大気中より数センチメートル遠くへ飛ぶくらいだろう。

でも、重力となると話は違う。学校では地球表面での重力は「一定」だと教わるが、厳密にはそれは正しくない。重力の強さに影響をおよぼす要因が２つある。１つ目は、地球の中心から遠ざかるにつれて重力が弱くなることだ。このために、空気抵抗と同じく海面よりも山の頂上のほうが重力は弱い。

２つ目の要因は、重力が地球の中心に向かって引っ張るのに対し、遠心力が外に向かって放り出そうとすることである。地球は遊園地のメリーゴーラウンドのように自転していて、もしも重力がなかったら僕たちは宇宙空間に放り投げられてしまうのだ。自転が速ければ速いほど、その力は強くなる。北極点のそばでは、地球の軸を中心とした回転スピードは0に近いが、赤道上では時速約1500キロメートルでビュンビュン回転しているのだ。

標高による重力の違いと、遠心力によって重力が弱くなるというこの2つの要因によって、赤道近くの標高の高い地点（たとえばメキシコシティ）での重力は、北極点近くの標高の低い地点（たとえばヘルシンキ）に比べて弱く、その違いは装置で検知できるほど大きい。メキシコでは重力加速度（'g' と表される）は約 $9.77\ m/s^2$ だが、ヘルシンキでは $9.83 m/s^2$ だ。多少のばらつきはあるが、1% 近い差がある。

では、この違いは砲丸の飛ぶ距離にどのような影響を与えるのか？

ニュートン物理学に基づいて、投げた物体の飛ぶ距離を求めるための公式がある。ここでそれを紹介しようとしたら、編集者から、そんなことをしたら本の売上が約20% 減ってしまうぞと脅された。そこでちゃんとした説明は付録（191 ページ）に追いやって、ここでは簡潔に示すことにしよう。

$$\text{飛ぶ距離} = \frac{K}{\sqrt{g}} \quad \text{（Kは定数、gは重力加速度）}$$

確かにこれでも「簡潔」には見えないかもしれない。この公式の意味は、g の値が小さくなるにつれて砲丸の飛ぶ距離が（$1/g$

の平方根に比例した割合で）長くなるということだ。

うまい人が砲丸を投げると約20メートル飛ぶ。重力が1%弱くなれば、砲丸の飛ぶ距離は約$\frac{1}{2}$%、つまり10センチメートル伸びる。世界記録がかかっているときにはバカにできない違いだ。

エイリアンはどこにいる？

エンリコ・フェルミは、封筒の裏で問題を解く一般的な方法とは別に、ある特別な計算でも歴史に名を残している。

第二次世界大戦が終わってから間もない頃、フェルミが何人かの科学者とおしゃべりをしていると、地球外生命体の話題になった。するとフェルミは突然、「でも連中はどこにいるっていうんだい？」と問いかけたという。銀河系には数十億の星があって、そのうちの1つは明らかに高度な生命体を生み出したはずなのに、どうして地球はまだエイリアンに侵略されていないのか、というのだ。

この疑問は、「フェルミのパラドックス」と呼ばれるようになった。

それから何年か経ち、宇宙物理学者のフランク・ドレイクが、通信をする知的文明が銀河系の中に現在いくつ存在するか（N）を表した方程式を考えついた。その方程式とは、次のようなものである。

$$N = R^* \times n_p \times f_l \times f_i \times f_c \times L$$

- R^*は、1年間に生まれる恒星の平均個数
- n_pは、1個の恒星が持っている惑星の平均個数

- f_l は、それらの惑星のうち生命を発生させるものの割合
- f_i は、その中で知的生命に進化する割合
- f_c は、その中で通信技術を発達させる文明が生まれる割合
- L は、通信をする文明が存続する年数

複雑そうに見えるけれど、実は常識を数式に落とし込んだだけだ。難しいのはそれぞれの係数に数値を当てはめるところで、それは概算するしかない。

たとえば、ある特定の恒星のまわりに形成される惑星のうち、生命を発生させられるものの割合は？　試しに理にかなった数値を考えようとするだけでも、生命体の存在に欠かせない化学的・物理的環境に関する知識が必要だ。

これまでにさまざまな科学者が、それぞれの係数にもっともらしい数値を当てはめようとしてきた。

1年間に生まれる恒星の平均個数については、1から10まで幅がある。生命を生み出せる惑星の、恒星1個あたりの個数は、0.2〜2.5の範囲、そのうち知的生命が生まれる惑星の割合は1〜10%、そのうち通信技術を発達させるのは1〜100%と推測されている。通信をする文明の存続期間については、科学者によって100年から10億年までまちまちだ（ある科学者は304年という数値をはじき出しているが、これほど細かい数だとむしろ怪しい）。

それぞれの係数について中くらいの数値を選ぶと、次のようになる。

$$3 \times 0.5 \times 5\% \times 30\% \times 1000 \fallingdotseq 10$$

つまり、通信ができて、そのため僕たちが見つけられるかもしれない文明は、地球外に10個はあるのかもしれない。

でもこの個数は、方程式に放り込む数値にとてつもなく敏感に左右される。現在、銀河系内で通信をしている文明の個数の推定値は、1×10^{-10}（つまり事実上0）個から1500万個まで幅がある。封筒の裏での問題の答えとして、これまでに出された中でも一番ばらつきが大きいに違いない。それに比べれば、31～32ページで説明したvCJDに関する予測なんて、まるでナノテクノロジーのような精度だ。

このドレイク方程式は頭の体操としては楽しいが、このくらいでやめておこう。せっかく概算をしても役に立たないことがあるんだって、よく分かったはずだ。

おわりに

ロボットが世界を支配したら

カウントダウンの謎

最後にちょっと概算のことを忘れて、正確な計算の世界に戻ってみよう。

チャンネル4のゲーム番組 'Countdown' で1997年に放映された有名な回でのこと。司会のキャロル・ヴォーダーマンが、正面のテーブルに並べたカードの中から下の6つの数（1番目の行から4枚、3番目の行から2枚）を選んだ。

25	50	75	100	3	6

続いて乱数発生器が、目標の答えとして952を選んだ。挑戦者に課せられた課題はいつものように、カードの数のうちのいくつか、またはすべてをそれぞれ1回だけ使って、目標の答え952にできるだけ近づけること。

どれだけ近づけられるか、君もやってみたくなったと思う。

目標の答えに近づけるには、数をあれこれ組み合わせてみるととても役に立つ。そして面白いことに、最終的には「正確な」計算が必要なのに、取っかかりとしてはおおざっぱな概算が便利だ。「952……、9×100とあと少し、……あるいは1000引く50くらい」というように。

950（目標の答えとは2だけ違う）を作れたら銅メダルだ。ほとんどの人は、次のようにして作る。

$$100 \times (3 + 6) + 50 = 950$$

目標の答えと1しか違わない数（953）を作れれば銀メダルだ。3を作るには、次のことに気づかなければならない。

$$75 \div 25 = 3$$
$$950 + 3 = 953$$

ふつうならこれで勝てるが、この回では、正確な答え952を作ったもう1人の挑戦者、数学の博士課程の学生ジェイムズ・マーティンに負けてしまう。

マーティンはヴォーダーマンに、自分がどうやって答えにたどり着いたかを次のように説明した（少しだけ省略してある）。

マーティン：100＋6＝106。3を掛けると……。
ヴォーダーマン：……318。
マーティン：これに75を掛けたい。
ヴォーダーマン：318に75を掛けるですって？　[笑い]　あらあら、これは電卓が要るわ。[計算したら23850となった]
マーティン：そして50を引く。
ヴォーダーマン：[さらに笑い]　23800。
マーティン：そして25で割る。
ヴォーダーマン：さらに25で割るですって？　……　[答えを書き出しながら笑いを抑えきれない]　あら、正解じゃない。

すごいわ！

このような計算、またはもっと難しい計算を最初から最後まで頭の中で片付けられるような計算の達人は大勢いる。でもジェイムズ・マーティンは達人ではなくて、数の扱い方がうまかっただけだ。

マーティンは、106×9＝954とすれば目標の答えから2だけ違う数ができると気づいた。

9は使えないが、3を2回掛ければ同じ答えになる。1回目はカードの3を掛け、2回目は75÷25（＝3）を掛ける。でも、954から引くための2はどうすればいいか？　マーティンは、50÷25＝2なので、25で最初は75を、次は50を割れば、25を2回使えることに気づいた。

以上を式に書き出すと、次のようになる。

$$\frac{\{(100+6)\times 3\times 75\}-50}{25}$$

この式を見るとマーティンは318×75を計算したように思えるが（君なら電卓を使ってしまうだろう）、彼はその掛け算の前に、まずは25で75を割って3を作り、次に50を割って2を作った。すると計算は次のようになる。

$$(106\times 9)-2$$

確かに賢いが、天才とまではいえない。

この放送があった1997年当時だったら、たとえコンピュータを使ってもジェイムズ・マーティンには勝てなかっただろう。でもいまでは、このような 'Countdown' 問題を瞬時に解けるアプリがいくつもある。近いうちに、スマートグラスでボード上の数を読み取って、カウントダウンが始まる前にレンズに答えを表示できるようになるだろう。

そこで、ある興味深い謎が浮かび上がってくる。

そう遠くない未来には、この手の数字パズルを瞬時に解けるような人工知能デバイスを誰もが身につけるようになるだろう。そのようなテクノロジーが簡単に利用できるようになったら、電卓が要らなくなるだけでは済まない。そもそもどうして数学を学ばないといけないのかと、疑問を持つ人も出てくるだろう。ロボットが何でもできるようになったら、'Countdown' のようなゲームはなくなってしまうのだろうか？

「簡単に答えが分かるのに、どうして数のパズルなんかに時間を無駄遣いするのか」と言ってバカにする人も、当然出てくるだろう。いまでも、電卓があるのにわざわざ短除法のやり方を知っておく必要がどこにあるのかと、バカにする人は大勢いる。

でも50年後、コンピュータがあらゆる計算問題をほぼ瞬時に解けるようになっても、人々は頭の中でやる数のゲームに強い興味を持ちつづけていることだろう。テレビの娯楽番組に限らない。電卓などの道具を使わずに封筒の裏で計算する能力は、これからもずっと必要だ。

どうして？

なぜなら、人から教わったにせよコンピュータから出てきたにせよ、与えられた情報に疑問を抱く能力はつねに必要だからだ。

あらゆる計算や判断をコンピュータに任せてしまったら、テクノロジーの奴隷になりかねない。

さらに、封筒の裏で数学をする能力が実際に役立つことはさておいても、同じくらい重要なことがもう１つある。自分で計算すれば脳が活性化して、貴重なトレーニングになるのだ。中にはそれだけじゃなくて、楽しいと思う人もいるはずだ。

付　録

有効数字

この本では、数を丸めて有効数字を1桁、2桁、または3桁にするという発想が何度も登場する。忘れないようにそのやり方を説明しておこう。

例として、アルプスのマッターホルンの標高を取り上げよう。最新の資料では、4478メートルとなっている。測量士はきっと1センチメートル刻みで測ったのだろうが、山はつねに動いているので、当然の処置として、4桁の数に丸めて1メートル単位で正しい値にした。すると、その値は有効数字4桁となる。

有効数字3桁、2桁、または1桁に丸めるには、その右側にある数字を消して代わりに0を書けばいい。ただし、消す数字の中で一番左にある数字が5以上だったら、その1つ前の数字に1を足して繰り上げなければならない。

マッターホルンの標高を丸めると次のようになる。

有効数字3桁に丸めると	4480	(7が8に繰り上がっている)
有効数字2桁に丸めると	4500	(2つ目の4が5に繰り上がっている)
有効数字1桁に丸めると	4000	(4478よりも小さくなった)

有効数字1桁目は必ず0以外の数字である。たとえば0.0063の有効数字1桁目は6。

最後の数字を含めて、どれかの有効数字が0になることはありうる。たとえばあるアスリートが100メートルを10.28秒で走ったとしよう。有効数字3桁だと10.3秒、有効数字2桁だと10秒だ。

72の法則の由来

「72の法則」を導くには、一定の割合で増えていく数が2倍になるのに何回反復が必要か（たとえば何年かかるか）を計算すればいい。以下の式の導き方を理解するには、自然対数に慣れ親しんでいる必要がある。

年利をR%としよう。求めたいのは、最初のお金（A）が2倍になるのにかかる年数N。つまりN年後にお金が$2A$になる。

$$A \times (1+R)^N = 2A$$

両辺からAを消去すると、

$$(1+R)^N = 2$$

両辺の対数を取ると、

$$N \ln(1+R) = \ln 2 = 0.69 (=69\%)$$

数学者にはよく知られた簡便法として、R が小さい場合には $\ln(1+R) \approx R$ である（$R < 10\%$ であれば5％以内で正しい）。したがって、次のようになる。

$$N \times R = 0.69$$
$$N = 69\% \div R$$

だから本当は「69の法則」と言うべきところだ。72に変えてあるのは、72が標準的な利率である1％、2％、3％、4％、6％、8％などの倍数だからである。

『クイズ・ミリオネア』（パート2）

正解は北極海。ジョンは203ページと似たような計算で、大西洋の面積を約3000万平方マイル（約7800万平方キロメートル）と概算した。これだと問題の470万平方マイルの6倍だ。インド洋も大西洋と似たような広さだし、太平洋はそのどちらよりも広い。ほとんどのオーディエンスが太平洋を選んだのは、470万平方マイルというのがすごく大きな値で、太平洋がとても広いことを知っていたからだ。でももちろん、「とても広い」と「とてもとても広い」は同じではない。

砲丸の飛ぶ距離

砲丸の飛ぶ距離は、見るからに複雑なこの公式からはじき出せる。

$$R = \frac{v^2}{2g}\left(1 + \sqrt{1 + \frac{2gy_0}{v^2 \sin^2 \theta}}\right)\sin 2\theta$$

- R は、砲丸の飛ぶ距離
- v は、砲丸が手から離れたときのスピード
- g は、重力加速度
- θ は、砲丸が手から離れたときの、水平面に対する角度
- y_0 は、砲丸が手から離れたときの地面からの高さ

変化するのが重力だけだとしたら、砲丸の飛ぶ距離は 179～180 ページに示した分だけおおよそ長くなる。でも実際には、重力が弱いと、手から離れるときのスピードを速くできるはずだ（軽く感じられるのでより速く押し出せる）。それによっても距離は伸びるので、メキシコシティで投げるときのハンデとして僕が見積もった値は小さめである。

100 万まで数えるにはどれだけかかる？

0 から 9 までの数詞の中で一番長いのは 'three' と 'seven' と 'eight'、10 の位の数詞の中で一番長いのは 'seventy' なので、280 文字を超える最小の数は、'three' と 'seventy' をずらりと並べた数になるだろう。373373373373373373（three hundred seventy-three quintillion three hundred

seventy-three quadrillion three hundred seventy-three trillion three hundred seventy-three billion three hundred seventy-three million three hundred seventy-three thousand three hundred seventy-three!）は255文字だ。あと25文字残っている。そこでこの数の前に、'…… sextillion' をつなげればいい（sextillionはスペースを含めて11文字）。25文字を超える最小の数は、one hundred one sextillion。だから、カウント伯爵が文字数制限に引っかかって困り果ててしまうのは、101373373373373373373になったときだ。

やれやれ。

正解と解説

おおざっぱな計算 vs 電卓（12〜13 ページ）

（a） 17＋8＝25

僕が調べたところでは、大人や十代の若者の大部分は暗算で答えたが、このような単純な足し算でも答えの出し方は人それぞれだった。多くの人が使った方法を 3 つ紹介しよう。

- 7＋8＝15 としてから 10 を足して 25。
- 8 を 3＋5 と分けて、17＋3＝20、さらに 5 を足して 25（このように数を分けることを、「分配」ということもある）。
- 8 は 10 より 2 小さい。17＋10＝27。ここから 2 を引いて 25。

（b） 62－13＝49

ほぼ誰もが 2 段階で計算する。暗算でやる人は、「10 を引いて 52、さらに 3 を引いて 49」または「3 を引いて 59、さらに 10 を引いて 49」とする。筆算を使う人はふつう、「2 から 3 を引いて……、10 を借りて……」といったように右から計算していく。

（c） 2020－1998＝22

ふつうの引き算として見るなら、10 の位や 100 の位を慎重に繰り上げていかなければならない。でも「1998 年生まれのエイミーは 2020 年に何歳になるか」という問題だったら、ほとんどの人は引き算ではなく、「1998年から2000年まで2年、そこから2020年までの20年を足すと、22年」というように足し算で答えを出す。

（d） 4×9＝36

しょっちゅう計算をしている人なら掛け算の表を覚えていて、無意識に「四・九・三十六」と唱えられるだろう。でも、掛け算の表を忘れかけている人がどうやって計算するかを観察してみると面白い。一番手っ取り早い方法は、4×10（＝40）を計算して、そこから4を引く。

（e） 8×7＝56

瞬時に思い出せない場合、僕を含め大人なら次のような方法を使う。

・7×7＝49、これに7を足して56。
・2×7＝14、これを2倍して28、さらに2倍して56。
・5×7＝35、これに7を足し、7を足し、7を足して56。

（f） 40×30＝1200

多くの人は4×3＝12であることを覚えているか、またはさっと計算できる。でも40×30となると、0を考え合わせないといけないので計算はもっとずっと面倒になる。一般的な方法としては、一方の数を1桁にしてから（たとえば40×3＝120）、10を掛けて40×30＝1200というように、2段階で計算する。

（g） 3.2×5＝16

ここまでの問題とは違って、ほとんどの人が筆算を使う。もっとも一般的な方法は、5×3＝15、5×0.2＝1、15＋1＝16。

5を掛けるための便法は50ページに示してある。

（h） 120÷4＝30

4で割るための一般的な戦法が2通りある。1つ目は、半分にしてからさらに半分にする（120÷2＝60、60÷2＝30）。もう1つは、「12を4で割ると3、だから答えは30」というように、暗算で短除法をおこなう方法だ。

（i） 75%を分数で表すと、$\frac{3}{4}$

75%というのはよく出てくる値なので、多くの人はわざわざ考えなくても$\frac{3}{4}$だとすぐに分かる。中には、25%$\left(\frac{1}{4}\right)$に3を掛ける人もいる。

（j） 94の10%は9.4

多くの大人は、小数点を数字1つ分左にずらして、100の位を10の位に、10の位を1の位に、と変えていくという方法を使う。

人は簡単な算数さえも忘れてしまう（44〜45ページ）

（a） 2.77ポンド

この手の問題は引き算として扱われることが多いが、イギリスのバーの従業員はふつう次のように足し算として扱う。7.23

ポンドからスタートして、そこに7ペンスを足して7.30ポンド、さらに70ペンスを足して8ポンド、さらに2ポンドを足して10ポンド。

（b） 78歳

引き算（1948－1869）でやろうとすると、生まれた月と死んだ月を考えに入れる前からわけが分からなくなりそうだ。そこで（a）のお釣りの例と同じく、次のように足し算として扱えばもっと簡単になる。1869年から1900年まで31年、そこに1900年以降の48年を足す。31＋48＝79。でもガンディーは10月の誕生日の前に死んだので、まだ78歳だった。

（c） 56000ペンス、つまり560ポンド

一番よくある誤答が、0の個数が間違っているもの。0や小数点を付けるコツは61ページ。

（d） 28840ポンド

大人を調査したところ、パーセントが関わる計算をすらすらできるのは、電卓を使ったとしてもおよそ25％（4人に1人）にすぎない。

（e） 1ガロンあたり32マイル

144を4.5で割ろうとすると、ほとんどの人の暗算能力では間に合わない。ここでの秘訣は、どうやって計算を簡単にするかにある。4.5は複雑な数で、誰もこんな数で割り算をしたくはない。でも4.5を2倍すると9だ。そこで144÷4.5の代わ

りに、両方の数を2倍にして288÷9とする。暗算で短除法を使えば比較的簡単だ（50〜51ページ）。28を9で割って3余り1、18を9で割って2、答えは32だ。

（f） 28.80ポンド

（g） 4

計算に強い大人のほとんどは、この問題を次のようなステップに分ける。16%を求めるには、まず10%を計算して、次に5%、さらに1%を計算する。これでも結構だ。でも、25の16%が16の25%と同じであることに気づけば、1ステップで解ける。

（h） 54%

ここまで来ると、ほとんどの人が無意識に電卓に手を伸ばしたくなるだろう。いったいどこから手を付ければ、正確な答えを出せるのか？　暗算で答えを出さなければならない場合、38÷70が40÷70、つまり7分の4に近いことに気づけるかどうかだ。7分の1がおよそ14%であることを知っていれば（かなりの人が知っている）、7分の4はその4倍で約56%となる。でも、ここから正確な答えに近づけていかなければならない。少し頭をひねれば、54%か55%のどちらかだと分かるが、では、どちらだろうか？　暗算で短除法をすれば（50〜51ページ）、数秒で答えが出てくる。答えは54.3%、整数に丸めて54%。

（i） 6102

678×9をそのまま計算しようとすると、頭の中で繰り上げをしているうちにこんがらがってしまうだろう。そこで、代わりに10を掛けるという便法を使えばいい（9を掛けるときにはいつでも使える）。678×10＝6780。ここから678を引く。答えは6102だ。

（j） 900

810005の平方根を正確に計算するのは難しい。最後の数字が‘5’なのが悩ましい。でも810000の平方根を求めるのはもっとずっと簡単だ。9^2は81なので、900^2は810000。平方根を求めるための一般的な方法は94〜96ページを見よ。

掛け算と掛け算の表（50ページ）

人によって答えの出し方は何通りかあると思う。

（a） 3×20＝60、これに3×6＝18を足して、答えは78。または26を2倍して（＝52）から、26を足す（＝78）

（b） 35×10＝350、ここから35を引いて315

（c） 4を掛けるのは、2回2倍するのと同じ。171×2＝342、さらに342×2＝684

（d） 5を掛けるのは、2で割ってから10を掛けるのと同じ。462÷2＝231、10を掛けて2310

（e） 5で割るのは、2を掛けてから10で割るのと同じ。1414×2＝2828、10で割って282.8

分数の掛け算（56 ページ）

(a)　$\frac{1}{3}\times\frac{1}{2}=\frac{1}{6}$

(b)　$\frac{2}{5}\times\frac{2}{3}=\frac{4}{15}$　4 分の 1 より少し大きい

(c)　$\frac{3}{4}\times\frac{1}{5}\times\frac{2}{3}=\frac{6}{60}=\frac{1}{10}$（分子と分母の 3 を消せば$\frac{1}{4}\times\frac{1}{5}\times 2=\frac{2}{20}$ともっと簡単にできる）

(d)　$\frac{6}{7}\times\frac{14}{23}=6\times\frac{2}{23}=\frac{12}{23}$　2 分の 1 より少し大きい

(e)　$\frac{51}{52}\times\frac{50}{51}$を計算するには、分子と分母の 51 を消して$\frac{50}{52}$。分子と分母を 2 で割って$\frac{25}{26}$（約 96%）。この計算の実例が現実の世界にある。シャッフルした 52 枚のトランプの束の 1 枚目も 2 枚目もスペードのエースではない確率が、$\frac{51}{52}\times\frac{50}{51}=\frac{25}{26}$だ

パーセントを即座に計算するコツ（58 ページ）

(a)　21 ポンド（28 ポンドの 25% が 7 ポンド）

(b)　12（80 の 10% が 8、これに 5%（＝4）を足して 12）

(c)　7（50 の 14% は、14 の 50% と等しい）

(d)　約 70%（49 ÷ 68 は 49 ÷ 70 に近く、4.9 ÷ 7 ＝ 0.7）

(e)　44%（短除法を使うと 2.66 ÷ 6 ＝ 0.44…。ここまで計算すれば十分だ）

(f)　27100 ポンド

25 の 8.4% が 8.4 の 25%（＝2.1）と等しいことに気づけば簡単だ。したがって、ケイトの昇給分は 2.1 × 1000 ＝ 2100 ポンド（概算をするのであれば、8.4% がおおよそ 10% なので、

昇給分は2500ポンドより少し少ないとすればいい)。

大きい数の掛け算(62ページ)

(a) 36000(4×9=36。これに0を3つ付ける)

(b) 0が4つあるので、210000

(c) 88の後ろに0が6つ付くので、88000000

(d) 50×0.5=25。この後ろに0を5つ付けて2500000(250万)。目標金額の10分の1だ(ちなみにこれは実話である)

大きい数の割り算(64ページ)

(a) 100÷2=50

(b) 630÷9=70

(c) 2000000(200万)

(d) 220×0.3、さらに22×3と同じで、66

(e) 50÷1と同じで、50

大きい数の「指数表記」を使う(65ページ)

(a) 40000000(4000万)

(b) 1.27×10^3

(c) $6000000000 = 6 \times 10^9$

(d) 2.4×10^{11}

(e) 0.5×10^5。もっと正しくは5×10^4

(f) 3.5×10^7(3500万)

主要な数値を知れば、いろんな概算ができる（69ページ）

（a） 12000マイル弱（約18000キロメートル）

イギリスからニュージーランドまでは地球半周に届かない。

（b） 約3500マイル（約5500キロメートル）。地球およそ4分の1周

イギリスからニューヨークまで飛んだことのある人なら、6～7時間かかったことを覚えているだろう。飛行機のスピードは時速600マイル弱（時速1000キロメートル）なので、距離は600×6＝(約)3600マイル（1000×6＝(約)6000キロメートル）。

（c） 約900万

メキシコシティは、ロンドンとともに世界有数の人口の都市。メキシコの人口は、100万よりも1000万に近いはずだ。

（d） 200フィート、または60メートル（ビルによって多少の差はある）

1階分が10フィート（3メートル）だとしたら、200フィートまたは60メートルというのが理にかなった概算値となる。

（e） 3時間といったところだろうか

時速4マイル（時速約6キロメートル）で早歩きすれば2.5時間で済むが、このペースを長い距離キープできる人はほとんどいないだろう。だから3時間としておこう。

（f） 約500万人

イギリスでは4歳から11歳まで小学校に通う（就学前教育を含めて7学年）。下のごくおおざっぱなグラフは、経済先進国の人口分布。0歳から70歳までのすべての年齢でかなり均等に分布していて、その先から減りはじめている。

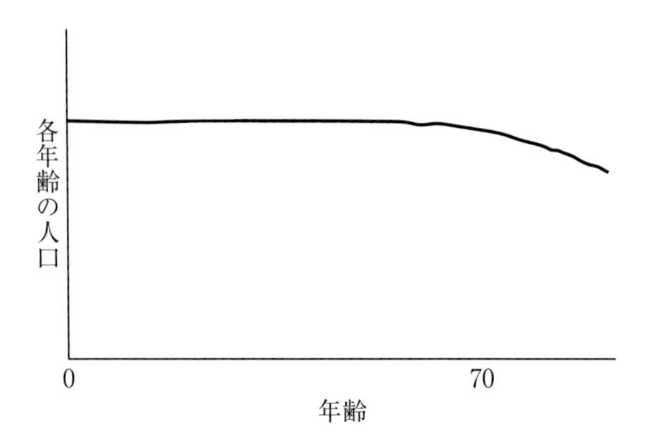

さらに単純化して、0歳から80歳まで人口が均等に分布していると仮定すると、イギリスではおおよそ次のようになる。

7000万人÷80年 ≒ 各年齢に900000人

したがって小学生は7×900000＝630万人。丸めると600万人という概算値となる（公式の数値は約500万）。

（g） 約200000回

1つ前の問題で、各年齢の人が約900000人いると概算された。結婚する人はみな、たとえば30歳で結婚すると仮定しよう。仮に全人口の半数が一生のうちのどこかの時点で結婚するとしたら、1年間で450000人が結婚することになる。結婚は2人でするものなので、結婚式は225000回（200000回としよう）。もちろん16歳で結婚する人もいれば60歳で結婚する人もいるが、みな1回しか結婚しないとしたらこの値は変わらない。実際には2回以上結婚する人もいるが、それは少数なので、1人あたりの結婚回数の平均がたとえば1.2回以上になるとは考えにくい。したがって、1年間で結婚式はおよそ250000回となるだろう（公式の統計値と大きく違わないが、結婚式の数は減少しつつある）。

（h）公式の数値は3000万〜4000万平方マイル（約8000万〜1億平方キロメートル）

大西洋は複雑な形をしている。面積を見積もるには、ヨーロッパおよびアフリカと南北アメリカとの隙間を埋める長方形とみなしたほうが考えやすい。その長方形の横幅を3500マイル（約5500キロメートル、ロンドンとニューヨークの距離、（b）の正解を見よ）としよう。大西洋は北極から南極までのかなりの部分に広がっているので、長方形の縦の長さを10000マイル（約16000キロメートル）としよう。すると面積はおよそ3500×10000＝3500万平方マイル（5500×16000＝8800万平方キロメートル）となる。

秘密兵器「ジコール」（72ページ）

（a） 83 ≈ 80

（b） 751 ≈ 800

（c） 0.46 ≈ 0.5

（d） 2947 ≈ 3000

（e） 1 ≈ 1

（f） 9477777 ≈ 9000000

ジコールを使った計算（73〜74ページ）

（a） $7.3+2.8 \approx 7+3=10$

（b） $332-142 \approx 300-100=200$

（c） $6.6 \times 3.3 \approx 7 \times 3 \approx 20$

（d） $47 \times 1.9 \approx 50 \times 2=100$

（e） $98 \div 5.3 \approx 100 \div 5=20$

（f） $17.3 \div 4.1 \approx 20 \div 4=5$

ジコールの不正確さ（75ページ）

（a） 一番大きくなりすぎてしまうのは、$15 \times 15=225$。ジコールを使うと $20 \times 20=400$ となって、正しい値より78％も大きい。

（b） 一番小さくなりすぎてしまうのは、$14.9 \times 14.9=222.01$。ジコールで丸めると $10 \times 10=100$ となって、55％も小さくなる。

面積と平方根（96〜97ページ）

以下の正解は有効数字3桁まで正しい。君はどこまで出せただろうか?

(a) 5.10

5と概算できたら1点、5.1なら2点だ!

(b) 82.9

もとの数を68 72と分ける。68は64($=8^2$)より少し大きいので、答えは$8\times10=80$より少し大きい。答えが82から84の範囲に入っていれば2点。

(c) 21.8

小数点がわずらわしい。$473.86 \fallingdotseq 500$なので、答えは20より少し大きくなる。22と概算できたら2点。

(d) 910の平方根は30.2

もとの数を9 10と分ける。これは9 00に近いので、答えは$3\times10=30$より少し大きくなる。つまり、この部屋の広さはおよそ30平方フィート(9メートル×9メートル)。

(e) 正方形にすると609 km×609 km(およそ400マイル四方で、フランスの中に余裕で収まる)

もとの数を37 10 00と分ける。37は36に近いので、答えは$6\times10\times10=600$より少し大きくなる。

謝　辞

この本は、完成までに長い月日がかかった。最初に書こうと思いついたのは何年も前だが、ウェンディ・ジョーンズとコーヒーを囲んでようやく重い腰を上げた。最初のほうの段階で良き相談相手になってくれた彼女に感謝したい。

封筒の裏での一騎打ちをたびたび交わしてくれて、本書の２つの例を思いつくきっかけを与えてくれた、ヒュー・ハントとジョン・ヘイグに感謝する。グレアム・カニングス、クリス・ヒーリー、チャス・バロック、アンドリュー・ロビンソンは、最初の草稿に対して貴重な批評をしてくれたし、ローズ・デイヴィッドソン、ジェフ・イースタウェイ、ピート・サンダース、レイチェル・リーヴスも、２回目の草稿に対して同じく有用なコメントをくれた。全体像をとらえる手助けをしてくれて、正確さと統計の誤用に関する深い識見を与えてくれた、我が師のデニス・シャーウッドには特別に感謝する。

幸運にも、必要な場面で何人もの人から貴重な専門的知識を得ることができた。とくに、クレア・ミルン、イーフェ・ハント、ジェイ・ナグリー、イアン・スイートナム、および、「コアマス」教育の推進に尽力しているトム・レインボーとキャサリン・ヴァン・サールロース。

素晴らしい妻エレインは、文法からサブタイトルまでどんなアドバイスが欲しいときにも必ずそばにいて、つねに辛抱強く相手をしてくれた。

猫のことについて教えてくれたティマンドラ・ハークネスに感

謝する。

　そして最後に、ハーパーコリンズのチーム、とくに、本書に情熱を注いでくれたエド・フォークナーおよび、建設的な批評家と応援のチアリーダーという一人二役を見事にこなしてくれた編集者のハリー・ブラッドに感謝する。

［著者］
ロブ・イースタウェイ（Rob Eastaway）
イギリスを拠点とし、執筆、講演、メディア出演を通じて数学の楽しさを大人や子供に伝える活動を行っている。著書に『数の魔法使い――暮らしの中の“数学”マジック』（三笠書房）、『数学で身につける柔らかい思考力』（ダイヤモンド社）などがある。2016年、一連の活動により数学の発展 に貢献した人に贈られるZeeman Medalを受賞した。

［訳者］
水谷淳（みずたに・じゅん）
翻訳者。おもな訳書にベン・マルティノガ／ムース・アラン『絶対にかかりたくない人のためのウイルス入門』（ダイヤモンド社）、マシュー・スタンレー『アインシュタインの戦争』（新潮社）、ジム・アル=カリーリ／ジョンジョー・マクファデン『量子力学で生命の謎を解く』（SBクリエイティブ）などがあり、著書に『科学用語図鑑』（河出書房新社）がある。

世界の猫はざっくり何匹？
――頭がいい計算力が身につく「フェルミ推定」超入門

2021年4月20日　第1刷発行

著　者――ロブ・イースタウェイ
訳　者――水谷淳
発行所――ダイヤモンド社
〒150-8409　東京都渋谷区神宮前6-12-17
https://www.diamond.co.jp/
電話／03･5778･7233（編集）　03･5778･7240（販売）
装丁――坂川朱音（朱猫堂）
装丁イラスト―大嶋奈都子
本文デザイン・DTP―明昌堂
製作進行――ダイヤモンド・グラフィック社
校正――ディクション
印刷――堀内印刷所（本文）・加藤文明社（カバー）
製本――本間製本
編集担当――吉田瑞希

ISBN 978-4-478-10973-1